“我不配”是种病

货真价实的你，别害怕被拆穿

[英]桑蒂·曼恩（Sandi Mann）◎著
丁郡瑜◎译

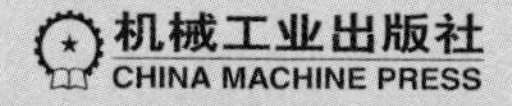

“冒名顶替综合征”是一种广泛存在的心理现象，无论是身为职场人士还是父母、孩子，无论你的性别如何，都有可能体验到这种名不副实、害怕被拆穿的焦虑或恐惧，至少70%的人群曾经困扰于冒名顶替的感觉。本书基于真实的心理案例，针对各种不同情形的冒名顶替综合征的症状进行了分析，并且提供了简单实用的应对策略，帮助读者克服内心的障碍，重获自信，延续成功。

图书在版编目（CIP）数据

“我不配”是种病：货真价实的你，别害怕被拆穿/（英）桑蒂·曼恩（Sandi Mann）著；丁郡瑜译.—北京：机械工业出版社，2020.5（2025.4重印）
书名原文：Why Do I Feel Like an Imposter?: How to Swap Self Doubt for Self Confidence
ISBN 978-7-111-65430-8

Ⅰ.①我…　Ⅱ.①桑…②丁…　Ⅲ.①自信心-通俗读物　Ⅳ.①B848.4-49

中国版本图书馆CIP数据核字（2020）第066321号

机械工业出版社（北京市百万庄大街22号　邮政编码100037）
策划编辑：廖　岩　责任编辑：廖　岩　李佳贝
责任校对：李　伟　责任印制：郜　敏
河北环京美印刷有限公司印刷
2025年4月第1版第9次印刷
145mm×210mm·5.875印张·3插页·110千字
标准书号：ISBN 978-7-111-65430-8
定价：59.00元

电话服务　　网络服务
客服电话：010-88361066　机　工　官　网：www.cmpbook.com
010-88379833　机　工　官　博：weibo.com/cmp1952
010-68326294　金　书　网：www.golden-book.com
封底无防伪标均为盗版　机工教育服务网：www.cmpedu.com

引 言

冒名顶替综合征：这是一种心理认知，认为自己欺骗性地宣称自己属于某类人，但事实并非如此，或者认为自己并不像他人想象中那样优秀。第一次看到这个术语时，作为一名心理学研究生，我确信一定是有人入侵过我的内心深处——这个术语说的就是我啊！然而，当这个概念广为人知时，我的绝大多数同事得出了与我相同的结论，都认为这个术语就是专门为他们创造的，甚至我的社交圈的大部分人也这样认为。我们真的都为冒名顶替综合征所困扰吗？有研究表明，至少有70%的人群曾经患有冒名顶替综合征。[⊖]

在我持续的自我发现之旅中，那是一个自我意识的苦涩时刻；但在那之后，我并没有真正关注这个概念，而是在作为一名心理学家的职业生涯中，每隔几年关注一次。

很快，这样过了许多年，冒名顶替综合征这个术语慢慢对我意义重大起来，因为我开始越来越频繁地接触到它，它总以某种形式出现在我的私人诊所里。一些成功人士——无论男女，常常

⊖ Sakulku, J (2011). The Impostor Phenomenon (PDF). *International Journal of Behavioral Science*, *6* (*1*), 73-92

还有青少年，都表示自己有冒名顶替综合征的症状——并且他们都深信自己是唯一患有此类病症的人。

冒名顶替综合征似乎正在成为越来越普遍的现象，在本书中，我将探寻其快速增长的多种原因——这里仅列出两个，如社交媒体的广泛应用，学校考试越来越多等。同时，冒名顶替综合征似乎也不再像人们之前所想象的那样，是野心勃勃的成功人士的专属——我自己的诊所里就能看到许多不同类型的综合征表现形式，比如，有自认为不够好的妈妈，有感觉不够“男子气”的爸爸，有自认为不够受欢迎的朋友，甚至有自认为不够格信仰上帝的宗教人士。

患有冒名顶替综合征的人往往缺乏自信自尊，不利于个人职业成长。控制这种症状的第一步是要承认和理解它的存在，学习引发这种情绪的触发点，这也是我写作本书要达到的目标。只有站在理解的立场上，我们才能找到适合每个人使用的最佳策略，我还会在本书中提出一些恰当的处理技巧。

本书面向哪些人群?

- 认为自己可能正在经历冒名顶替综合征的人群，无论这种感受是来自工作、生活、家庭或社区。
- 认为自己的父母、家庭成员、朋友或孩子正在遭受冒名顶替综合征的人群。
- 试图将孩子遭受冒名顶替综合征侵扰的概率降到最低的父母亲群体。

- 对冒名顶替综合征感兴趣的任何人士。

从本书中你能有哪些收获？

本书涵盖了自我评估测试、有益的应对技巧和策略等综合信息，能帮助你了解自己（或身边人）是否患有冒名顶替综合征，如果有该如何应对等。本书旨在让你对自己在职场、家庭或其他任何场合的能力更加自信，特别是，如果你正在遭受冒名顶替综合征的困扰，本书能帮助你意识到你并非孤独一人，且该症状是可以被有效控制的。

如何使用本书？

本书前两章是核心章节，适合每个人阅读，我们将在其中探讨冒名顶替综合征的概念、波及甚广的原因，了解该综合征的一些不同分类。这里同样准备了两个小测试来帮助你理解自己是否正在遭受冒名顶替综合征。接下来的五个章节我们重点探讨不同种类人群和在某些特定社交环境下的冒名顶替综合征。尽管这几个章节是围绕不同群体展开的，但对所有阅读者都是有用的。最后，是一个简短的结论章节，全面总结所学到的知识，为读者如何最有效地将所学应用到自己的生活中提出了一些观点。

纵观每个章节，你会看到很多案例研究，展示冒名顶替综合征患者生活中的真实事例。阅读这些案例，就是看看冒名顶替综合征如何存在于各行各业——我希望这些案例能鼓励所有饱受困扰的患者，把在内心认知自己的冒名顶替综合征作为第一步，并用自信来替换自我怀疑。

在第三章到第七章的结尾，我们提出了应对冒名顶替综合征和建立自信的技巧和策略。有些提示是针对该章所讨论的特殊群体，但绝大多数建议适用于每个人，所以请认真阅读，以便最大限度地用好本书。

目　录

第一章　什么是冒名顶替综合征

当杰西走进我位于曼彻斯特的诊所时，她看起来是那种非常成功的女性。整洁干练，笔挺的西服套装，一丝不苟的发型，每个毛孔都散发着成功的气息。这位 42 岁的女士是一家大型跨国公司的高管，高薪、豪车、津贴，都表明了她“成功人士”的身份。

但是，她怎么会来到来我的诊所呢？在她陷入诊所舒适的座椅里，开始诉说困惑时，她的仪态发生了明显的改变。说话时，她的肩膀开始垮下去，声音颤抖，膝盖摇晃，不安地扭动着双手手指。我看到，在她“坦白”自己所有的一切都是虚假时，整个自信的状态完全崩溃了。她解释说，自己所有的成功都是建立在运气的基础上，实际上她的工作一团糟。尽管已经蒙蔽了同事和老板多年，但她确信，他们很快就会发现她的秘密，她会失去所有。但这还不是最大的问题，最大的问题在于她一直在努力地像个“欺骗者”一样生存——她认为自己应该在被人拆穿之前主动辞职，去从事更符合她实际能力的工作。这将意味着收入和津贴的减少，但至少她对自己是诚实的。

欢迎来到冒名顶替综合征的世界。这是一个神秘的地方，居住着来自各行各业的成功人士，他们有一个共同点——都认为自己并不是真的足够优秀。他们有男有女，有老有少，即便是超级成功的公众人物也难以逃脱。同时，冒名顶替的感觉并不总是与工作相关；我曾遇到这样的“冒名顶替者”（imposter，意同“欺骗者”“假冒者”），他们认为自己是不够完美的父母、不够完美的丈夫、妻子、朋友，甚至是不够完美的人。这些都是冒名顶替综合征的变体，特别是冒名顶替综合征患者坚定地认为自己就是骗子，但事实上鲜有客观的证据来支持这一点。

本章将帮助你识别冒名顶替综合征的症状，进而理解自己是否患有该症——如果确有，哪种类型的冒名顶替综合征最符合你的自身经历。

冒名顶替现象到底是什么

“冒名顶替综合征”或“冒名顶替现象”的术语是由临床心理学家保琳·R. 克朗斯（Pauline R. Clance）和苏珊娜·A. 艾米斯（Suzanne A. Imes）1978 年在一篇题为《成就卓越女性中的冒名顶替者现象：心理成因和干预治疗》的论文中首次创造提出的。[⊖]

这种情况被描述为“一种智力造假者的内在体验”，在一些成功女性中尤其普遍和强烈。在该论文中，克朗斯和艾米斯这样描述 150 名女性样本群体，“尽管她们获得了高学历，学术成就突出，标准化测试成绩优秀，也得到了同事和权威专家的称赞和

⊖ Clance，P.，& Imes，S.（Fall 1978）. The imposter phenomenon in high achieving women：dynamics and therapeutic intervention（PDF）. *Psychotherapy：Theory*，*Research & Practice*，*15*（*3*）：241-247

职业认可……但是她们内心体验不到成就感。她们认为自己是个‘冒名顶替者’”。他们进而解释到，这些成功女性认为，她们之所以能取得这样的成功，是因为选择程序出错了，或因为有人夸大了她们的能力，或归因于其他外部因素。

克朗斯和艾米斯认为，冒名顶替综合征的定义包括三个特点：

1. 认为他人对你的能力或技能有夸大的现象；

2. 害怕被人发现自己的欺骗行为；

3. 将取得的成功归结于外部原因，如运气或超乎寻常的努力。

影响人群有哪些

自从20世纪70年代第一例冒名顶替综合征问世，有研究表明，受该状况影响的男性和女性人数相当。事实上，此概念的创造者们随后指出，他们更愿意将其称为“冒名顶替者体验”，因为“健康状况”或“综合征”的说法暗示着这是一种心理疾病；但是冒名顶替者体验实际上非常普遍，克朗斯宣称，“几乎每个人都经历过”。[1]

确实如此。正如本书介绍部分所描述的，研究表明，我们中70%的人都至少会在自己生活的某个阶段有过类似体验——尽管

[1] Anderson, L. V. (2016). Feeling Like An Impostor Is Not A Syndrome. https://slate.com/business/2016/04/is-impostor-syndrome-real-and-does-it-affect-women-more-than-men.html

在高成就人群中这种现象更普遍。在医学界，将冒名顶替综合征界定为一种“体验”而不是一种“症状”的分类方法仍然有影响力；《精神障碍诊断和统计手册》（*Diagnostic and Statistical Manual of Mental Disorders*，DSM5）是绝大多数心理健康专家用来识别、划分和诊断心理健康状况所使用的依据，在该手册中，冒名顶替综合征没有被划归为精神类疾病或精神症状。这意味着，如果你有冒名顶替综合征的体验，也不意味着你患上了精神类疾病。实际上，我们中大多数人在生活中的某个时刻都受过冒名顶替综合征的困扰，这是一种正常现象！

但是，总会存在一些触发因素，使那些敏感的人们更容易产生冒名顶替者的感觉，并且这种感受常常发生在变动时期。这里列举了三种最常见的情形，每种情形都列举了一个案例来进一步阐述论点。

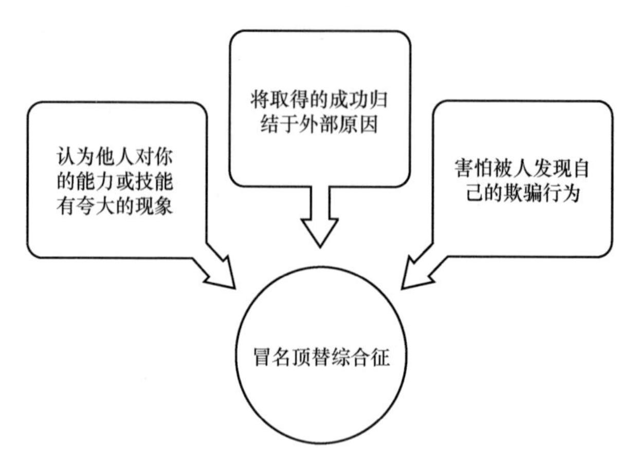

冒名顶替综合征的三个标志性特征

第一次获得所属领域的"资格证书"

这意味着，你获得了自己的第一个证书，如第一个职业认证，意味着你从此可以合法地从事自己所选择的某项工作。

案例分析

艾莎是一名新晋医生，但自从在医院工作开始，她始终被自我怀疑所折磨。她总是坚信自己是侥幸勉强进入医学院的，尽管医学院有非常严格的评估程序。整整几年的学习过程中，她始终感到自己逊于其他同学，她说，那些同学看起来总是如此自信和"有想法"。后来她获得了资格证书，她的自信更是急转而下，因为她觉得自己会搞不定这份工作。她认为自己的白大褂是虚伪的标签，就像一个小女孩玩化妆游戏假扮"医生"一样。她还认为，学习理论是一回事，当面对真正的病人时，脑袋会像冻住了一样。她从医也没有经过真正的"磨合嵌入"过程，仅仅跟了两天资深医生后，她就被要求独立处理大多数病例。当然，如有必要，她也可以寻求帮助和建议，但她感到不应该如此——每每出现此情形，总会觉得这是自己"虚假"的标志。向会诊医师请求帮助，人家也并不总是乐意帮忙，起不到作用。艾莎对一点点小事都担心不已，害怕自己承担不起检查的风险。尽管她以优异的成绩完成了医学院五年让人筋疲力尽的课程，但她还是对自己的能力和技能没有信心。艾莎坚持认为，她可能会“被人拆穿”、被人揭露是不称职的，同时也害怕可能会犯下可怕的医疗错误而被人揭发。

开始一项新的课程或学业

这种情况大多发生在年轻人进入大学，或成年人接受继续教育时。

案例分析

亚当是一名成年学生，35 岁时被录取进入大学学习新闻学。他 16 岁辍学，没有取得文凭。这是因为他经历了一段艰难时期，成为某种程度上的叛逆者。他对学习缺乏兴趣，毫不犹豫地承认自己酗酒吸毒，是个“坏孩子”。他努力从事各种工作，但缺乏家人的支持。后来，他开始慢慢稳定下来，娶妻生子，妻子鼓励他接受再教育，获得更安全有保障的工作。他考虑过学习一门手艺，比如抹石灰，但内心一直留存着当记者的秘密梦想。他认为这个梦想是徒劳无用的——毕竟，他没有相关资质，他也自认为“比较笨”。但是在妻子的鼓励下，他读了夜校，获得了证书，突然之间，梦想似乎可以企及了。被大学录取时，他非常激动，但是一旦开始学习，自我怀疑的情绪就慢慢涌上来。与其他同学相比，他觉得自己是个伪装者。其他人拥有的资质更多，许多人还有相关的工作经验。他开始怀疑自己到底在干什么蠢事，自己是否应该放弃学业，去学抹石灰的手艺。

获得工作升职

升职应该是件让人兴奋的事，但对有些人来说，它可能是感觉被过度提拔的催化剂，同时会激起他们内心的恐惧，害怕别人发现他们的晋升是名不副实的。

案例分析

詹姆斯在电子通信行业工作，平时工作很开心，主要为大公司的客户发现问题、解决问题。随后他被晋升到之前一直梦寐以求的管理职位。现在他要负责分配工作，优先处理商务价格相关工作，同时协调许多组织工作。他开始被这些职责吓到了，不仅没有很好地履行职责，而且在应对客户和下属（之前是平起平坐的同事）方面也存在问题；客户抱怨说问题没有得到迅速解决，下属则抱怨工作太多。实际情况是，这些就是新岗位的部分工作内容，但詹姆斯却认为这是因为自己不够优秀，压根就不配升职。升职之前，所有事情都进行得很顺利——

他只需要完成工作即可。现在他不得不处理人事问题和冲突，他觉得自己不具备必要的技能，也没有接受培训。他确信自己很快会被“拆穿”，被人揭露是个欺骗者——也正是这个原因让他非常紧张，正在考虑是否在这一切发生之前就辞职。

最有可能患上冒名顶替综合征的生活方式

除了上述讨论的冒名顶替综合征触发因素，还有对易患上冒名顶替综合征的人群的分类。这与个性有关，我们稍后进行讨论，同时还有一些生活方式的因素，使这些人相较于其他人更易受到影响。瓦莱丽·杨（Valerie Young）是《成功女士的秘密思想：为什么成功人士饱受冒名顶替综合征困扰以及如何带症拼搏》一书的作者，按照她的观点，如下几种类型的人群受困扰风险最大：

- **学生**。常常认为别人比自己更有竞争力，更成熟、更努力。他们可能会感到自己并不属于大学校园或难以融入——其他人都是货真价实的，只有自己是欺骗者。这一点在年龄偏大的学生身上表现得尤其明显，毕竟他们在学校里是少数群体。
- **学术工作者和从事创意工作的人群**。在他们的工作领域，与才华横溢的人同台竞技的情况太多了。

- **特别成功的人士和那些在职业生涯早期取得不同寻常成功的人。**这类人群常常会受到天才型冒名顶替综合征的影响，后面详述。
- **家庭里第一代职业技能人员/大学生/研究生。**因为他们是家庭里第一个达到如此目标的人，被寄予的期望比较高，他们要在很多方面证明自己，但也可能在高门槛前败下阵来。
- **那些不走寻常路而成功的人。**他们往往更可能将成功归结于运气好，而不是自身努力。
- **小众人群**（如女性、少数民族、同性恋、残疾人、信教人群等）。在某种程度上，他们往往会成为本群体或团体的代表，从而承受着巨大的压力，这也会导致他们感觉自己像个冒名顶替者。
- **成功人士的子女**（第二章详细描述了该情形下可能带来的冒名顶替综合征）。
- **自由职业者或个体户。**这个群体常常依赖电子沟通，情感沟通渠道比较窄，从而难以传递或分辨那些温暖的或支持性的语调。对这类人群来说，他们很难知道自己是否处理得足够好，或者是否满足了预期标准，特别是因为交流互动的机会有限，他们可能很难获得积极的反馈。

以上人群更易患上冒名顶替综合征的原因，我们将在本章后续进行探讨。

学术界的冒名顶替综合征

根据博士生贝丝·麦克米伦（Beth McMillan）2016年在《泰晤士高等教育》期刊上发表的文章，“许多世界上备受尊敬的学术人员每天早上醒来，都会认为，他们配不上自己的职位，他们只是在假装，他们迟早会被人揭穿真相”。[㊀]无独有偶，学术博主杰·丹尼尔·汤普森（Jay Daniel Thompson）也坦白说，“据我们所知，即使是最杰出的教授也饱受冒名顶替综合征的困扰”。[㊁]

冒名顶替综合征在专家学者间如此盛行的原因是多样的。首先，学术界是精英领地，普通人很难进入。其次，学术工作者都被视为专家，并且常常以研究成果受到人们的评判，因此很容易患上专家型冒名顶替综合征。发表研究成果的竞争非常激烈，研究资助又只有极少数人能获得（同时你还必须像你最终的研究成果一样优秀）。所以你很容易感受到被期望的分量，也很容易产生这种感觉：肯定会有人发现你其实名不副实。

㊀ McMillan, B. (2016). Think like an imposter and you'll go far in education. *Times Higher Education* https://www.timeshighereducation.com/blog/think-impostor-and-youll-go-far-academia

㊁ Thompson, J. D. (2016). I'm not worthy: imposter syndrome in academia. TheResearch Whisperer https://theresearchwhisperer.wordpress.com/2016/02/02/imposter-syndrome/

患有冒名顶替综合征的名人

如果你正患有冒名顶替综合征，那你肯定在一家好公司工作。有数不清的案例表明，许多对我们来说耳熟能详的、非常成功的名人，都有迹象表明他们在体验着冒名顶替综合征。我们选取引用了部分名人的事例。

- 玛雅·安吉罗（Maya Angelou）是美国著名作家、诗人，曾获得三次格莱美奖，被提名普利策奖和托尼奖，她也曾思忖到，“我已经写了两本书了，但每次我都会想，‘啊，这次他们一定会发现我在愚弄大家，他们马上就会揭露真相了’”。[一]
- 写过好几十本畅销书的著名营销专家赛斯·高汀（Seth Godin）在《伊卡洛斯骗局》（2012）一书中表示，他仍然感觉自己像个欺骗者。
- 两届奥斯卡金像奖获得者、演出过 70 多部电影和电视剧的著名演员汤姆·汉克斯（Tom Hanks）在 2016 年接受杂志采访时问道：“他们什么时候才发现我其实是个骗子，并且把我的一切都夺走呢？”[二]

[一] Richards, C.（October 26, 2015）. Learning to Deal With the ImpostorSyndrome. *The New York Times* https://www.nytimes.com/2015/10/26/your-money/learning-to-deal-with-the-impostor-syndrome.html

[二] NPR（2016）. Tom Hanks Says Self-Doubt Is ‘A High-Wire Act That We All-Walk’ https://www.npr.org/2016/04/26/475573489/tom-hanks-says-self-doubt-is-a-high-wire-act-that-we-all-walk

- 曾被多次提名奥斯卡金像奖、赢得金球奖在内许多奖项的女演员米歇尔·菲佛（Michelle Pfeiffer）表示，“我一直担心自己是个骗子，我会被发现的”。[一]她在另一次采访中同样表示，“我仍然认为人们会发现我真的没有天赋。我真的不太好。所有这一切都是个大骗局”。[二]
- 曾因影片《罪与罚》获得1988年奥斯卡最佳女主角奖的朱迪·福斯特（Jodie Foster）一度害怕她不得不把奥斯卡奖杯还回去，“我觉得这就是个意外”，她在一次采访中表示，“他们可能会来我家，敲开门说，‘很遗憾，我们打算把奖颁给别人，那个人就是梅丽尔·斯特里普（Meryl Streep）’”。[三]
- 美国演员、制片人和曾获得奥斯卡提名的唐·钱德尔（Don Cheadle）对《洛杉矶时报》说：“我所能看到的就是我做错的一切，那是一种虚伪和欺诈。”[四]

[一] A ronofsky, D. （2017）. Michelle Pfeiffer. *Interview Magazine* https：//www.interviewmagazine. com/film/michelle-pfeiffer

[二] Shorten, K. （2013）. High-achievers suffering from ‘Imposter Syndrome ‘http：//www. news. com. au/finance/highachievers-suffering-from-imposter-syndrome/news-story/9e2708a0d0b7590994be28bb6f47b9bc

[三] *ibid*

[四] *ibid*

- 奥斯卡金像奖获得者凯特·温斯莱特（Kate Winslet）对作家苏珊·平克（Susan Pinker）说："有时候我一早醒来，去片场之前，我总会想，我拍不了了。我就是个骗子。"[一]
- 查克·罗瑞（Chuck Lorre）是美国著名作家、剧作家，创作了《好汉两个半》和《生活大爆炸》等作品，他在美国国家公共广播电台表示："当你去看自己创作作品的彩排演练，如果效果不好，自然而然的反应就是'我真是糟糕透了，我就是个骗子'。"[二]
- 获得奥斯卡奖的女演员蕾妮·齐薇格（Renée Zellweger）在入选某角色时说："他们到底在想什么啊？他们把这个角色给我，难道不知道我是在假装吗？"[三]
- 据报道，史上获得奥斯卡奖和金球奖提名最多的演员梅丽尔·斯特里普曾"承认"，"我其实并不懂表演"。[四]

[一] *ibid*

[二] Shorten, K. (2013). High-achievers suffering from ‘Imposter Syndrome ‘http://www.news.com.au/finance/highachievers-suffering-from-imposter-syndrome/news-story/9e2708a0d0b7590994be28bb6f47b9bc

[三] Shorten, K. (2013). High-achievers suffering from ‘Imposter Syndrome ‘http://www.news.com.au/finance/highachievers-suffering-from-imposter-syndrome/news-story/9e2708a0d0b7590994be28bb6f47b9bc

[四] *ibid*

- 脸书网（Facebook）的首席运营官谢丽尔·桑德伯格（Sheryl Sandberg）曾经参加哈佛大学一次名为“感觉自己像个骗子”的演讲活动，并认为他们谈论的话题指向自己——她愚弄了所有人。[一]她还在其他场合评论说，“有些日子我一觉醒来，感觉自己像个骗子，我自己都不确定我应该身处何方”。[二]
- 《哈利·波特》主演、明星艾玛·沃特森（Emma Watson）透露，她觉得，“任何时候都会有人发现我是个彻头彻尾的骗子”。[三]
- 著名作家、1962 年诺贝尔文学奖获得者约翰·斯坦贝克（John Steinbeck）1938 年在日记中写道，“我不是个作家。我在愚弄自己和他人”。[四]

家庭背景的重要性

如果你感觉自己是个欺骗者，你的家庭背景可能在其中起到

㊀ *ibid*

㊁ *ibid*

㊂ Francis, A. (2013). Emma Watson: I suffered from ‘imposter syndrome’ after-Harry Potter-I felt like a fraud. *Celebs Now* http://www.celebsnow.co.uk/celebrity-news/emma-watson-i-suffered-from-imposter-syndrome-after-harry-potter-i-felt-like-a-fraud-90219

㊃ Clance (n 1)

了某种作用。克朗斯和艾米斯的早期研究认为，原生家庭可能是引发欺骗感的触发因素，并且绝大多数患有冒名顶替综合征的人群可能都来源于一类或两类家庭。让我们来看看。

家庭类型 1：家有优秀兄弟姐妹

这类冒名顶替综合征患者的生长环境中常常有一个打着优秀标签的兄弟姐妹，特别是在智力方面很突出——而他们自己可能被贴上另一类标签，如“敏感”或“友善”。于是，他们的成长过程充满了分裂，一方面他们会相信贴在自己身上的那个标签，另一方面又在学校里设置高目标、努力学习、争取做到最好来否认标签。然而，即使获得了成功，家里人对他们的成功印象也不那么深刻，并且也不太会改变原有的印象，还是认为另一个孩子更聪明。冒名顶替者们不停地努力，但家庭成见始终难以破除，他们会开始质疑家里人的说法是否正确，他们迄今所获得的成就实际上不过是因为自己运气好或其他因素。

案例分析

舒拉和姐姐一起长大，姐姐丹娜比她大两岁。丹娜是家里老大，是个聪明孩子，10 个月能走路，15 个月能说完整的句子，3 岁能阅读。在父母看来，丹娜是个有天赋的孩子，他们投入了大量精力和资源帮助她激发“潜力”。舒拉感到自己的成绩没人真正关注。她也很聪明，但因为她的成绩是与年龄相符的，所以她没有从父母处获得同等程度的关注。但是，父母总是强调舒拉的特殊才能，防止她有被冷落的感觉。于是，每每父母谈起舒拉，总是说她“外向”，在任何环境下都能与朋友相处融洽。丹娜更内敛，所以舒拉就获得了“活泼”和“友善”的标签。舒拉能接受这些标签，但她的学业成绩未真正得到关注，总免不了感到委屈，因为尽管不错，但并不是像丹娜那样出类拔萃。于是她变得很有野心，特别是在学业追求方面，但她一直没弄懂她到底在向自己或父母证明什么。不管怎样，她从未感到对自己的“证明”是足够的——她确实获得了很好的成绩，包括学术获奖，考上顶尖大学，职场顺利等，但始终觉得自己获得的比不上丹娜获得的东西——丹娜才是“正品”，舒拉不过是假装像她那样优秀的假冒品。

家庭类型 2：家有奇才

与家庭类型 1 不同；在这里，冒名顶替综合征患者从小就被寄予了很高的期望。家里人把他们当作偶像崇拜，认为他们各方面超出常人；他们比其他任何人都更有魅力、更聪明、更善于社交、更有技巧等。一旦体验到失败，或者至少意识到自己并不像家里人所想象的那样完美时，问题就随之而来。他们不信任父母对他们的期望——并且开始自我怀疑。他们意识到，自己必须很努力地去工作才能满足父母的期望，于是认为自己并不是父母眼中的天才，而是一个冒名顶替者。

当然，家庭背景并不是导致冒名顶替综合征的唯一原因。还有许多人认为自己也生活在这样的家庭环境里但并没有产生假冒者的感觉，同样，并非所有的“冒名顶替者”是在此类家庭环境中产生的。本章我们将进一步查看冒名顶替综合征的其他诱发因素。

案例分析

尚恩生活在一个有弟弟的家庭——弟弟有特殊需要。弟弟性格很好，非常可爱，但无法像父母期望的那样长大。另外，尚恩是父母理想中的儿子。按照父母对尚恩的期望，他聪明、善良、有思想、相貌英俊。确实，他在学校表现优异，愿意花时间照顾弟弟（他很乐意），也吸引了很多异性（受欢迎）的注目。然而，成年后，尚恩对自身背负的期望感到有压力。他觉得父母对他的期望比自己实际能做到的要高，而且他也不是父母所塑造的那种完人。正是由于父母对他的期望和他对自身能力认识之间出现了错配，他觉得自己像个冒名顶替者——表现出来的不是自己的真实面目。这也让他深感压力——越是希望满足父母的期望，就越觉得自己虚伪。能证明他并不如想象中完美的证据也被他藏起来了，这更进一步证明了他的虚伪。

如何知道自己是否患有冒名顶替综合征

在关于冒名顶替综合征的初始报告中，克朗斯和艾米斯解释了患有该综合征的一些迹象来判断所处的阶段：

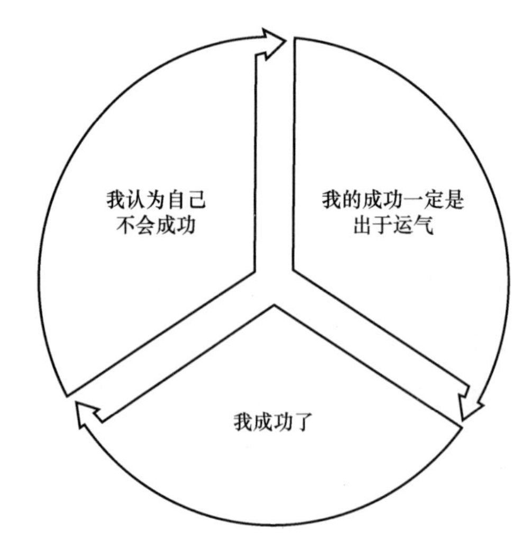

冒名顶替综合征的发展阶段

1. 冒名顶替综合征的早期表现是对自己生活中的成功期望值很低。

2. 你注意到自己的成功（意外的），然后体会到了冲突。你知道自己很成功，但觉得自己不值得成功。这就是我们所说的认知失调——当某人同时持有两种对立观念时出现的精神不适或紧张。

3. 为了解决这种失调，你将自己的成功归因于外部因素和临时原因（如运气），而不是归因于内部且稳定的原因（如自身能力）。

4. 这可能会致使人们出现很多不同的行为、症状和征兆——有些行为可能只有你自己能意识到。在进行冒名顶替综合征自我评估和划分不同种类的冒名顶替综合征之前，让我们先来看看如下内容：常见的冒名顶替者行为表现。

工作特别努力

冒名顶替综合征患者认为，他们工作必须格外努力，才能防止自己的“虚假”被人发现。通常来说，这种努力工作的“掩饰”策略是奏效的，你会自我感觉良好——这会强化你所做的努力，你会感到宽慰，这是努力工作带来的成功；但同时，你会开始思考，只有如此努力工作，你才会成功，你会再一次感到自己像个假冒者。于是，“担忧—努力工作—短暂地感觉良好”这个循环周而复始。

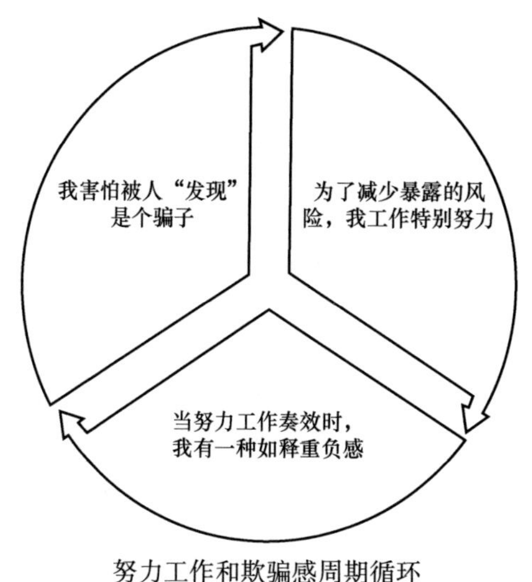

努力工作和欺骗感周期循环

隐藏真实的观点

冒名顶替者对自己的能力缺乏自信，他们认为必须隐藏自己真实的观点，否则会暴露出智力低下的一面。所以，冒名顶替者为了掩饰知识的贫乏，会避免说出自己的观点，避免参与某些讨论，或者仅仅简单地附和别人的观点。冒名顶替者认为很多人比自己智商高、有优势，会接受他们的观点，从而出现“智力恭维”现象。

找到“高级”导师来加深印象

冒名顶替者的另一个表现是，他们经常需要寻找并瞄准那些他们认为比自己优秀的人。如果你能打动你的英雄，这也许能证明你是名副其实的——如果连这样非凡的人物都喜欢你、尊重你，那你一定是货真价实的成功者。这可能导致“魅力攻势”，表现为讨好此人，培养对对方感兴趣事物的兴趣，想方设法与之合作等。在某些情况下，甚至可能涉及性关系。

但不幸的是，即便得到了英雄的承认，也不能“治愈”隐藏的冒名顶替综合征。这是因为，你总是会想当然地认为你也欺骗了你的英雄——也许是因为你的魅力、对他们爱好的兴趣等分散了他们的注意力。此外，你可能会意识到，你在强烈地寻求别人的肯定，这种需求强化了你认为自己是个伪君子的观点——毕竟，真正才华横溢的人不需要他人的肯定来验证自身的价值。你对他人肯定的强烈需求强化了你对自己的负面看法。

案例分析

安娜被选为地方政府官员。一方面她很开心，另一方面又害怕工作超出自己的能力，怕自己不是做议员的“料”。所有其他议员似乎都比她能干，比她博学多才，于是安娜害怕在议员会议上表达观点，以防他们发现自己的“真面目”——她其实就是个假面人，所知甚少，压根就不应该坐上如此重要的位置。她觉得自己也许能蒙蔽选民，但是愚弄同事则全然不同。她发现自己不仅在绝大多数时候默不作声，而且还经常赞成或附和同事的观点——尽管她内心并不赞同他们。这似乎是避免被拆穿的最安全的行为模式，因为他们比她知道得多，所以赞成他们的观点，这样她就不用出洋相了。

案例分析

朱莉因其自卑心理来我这就诊好几个月了。她是很明显的冒名顶替综合征患者，我花了一段时间才了解到，她已经养成了一种行为模式，即寻求自己仰慕的或想打动的人，努力和他们做朋友。这种“友谊”经常是激烈的，完全不同于她平时对待朋友的方式。她想和她崇拜的人在一起，而且对方通常是男性。她幻想给他们留下深刻印象，让他们钦佩她，而不是和她发生性关系。当她陷入沉迷的痛苦时，她就会想方设法花时间和她的英雄待在一起，追求他们的兴趣爱好，表现出和他们有很多共同点。她会用不同方式和他们保持密切联系，经常安排工作或专业方面的碰面。像以前一样，这种紧张的友谊关系很快会虎头蛇尾地结束，有时是因为他们之间的关系对另一方来说过于强烈，有时是因为将他们绑在一起的合作项目宣告结束了。这让朱莉感到心急如焚，比以前任何时候都不受重视，只会进一步加剧她“做假”的感觉。在这段友谊中，她感到自己很重要，很有价值，但现在只剩下一种感觉，即所有的一切都是假的——她自己也是虚假的。于是她会一如既往地寻找下一个“目标”，让自己再次受到重视。

完美主义

对冒名顶替者来说，如果要证明其自身价值，就必须确保每项事情的正确性，因此，他们常常会害怕失败或任何不够完美的情况出现，唯恐进一步强化了他们是骗子的观点。试想一名艺术家创作一幅美术作品，绘画过程中，他们内心对为什么要创作犹疑不决——他们又没有出色的天赋。没错，他们的作品可能会在重要的画廊展出、出售，他们可以过上体面的生活，但是他们认为自己并不是真的才华横溢，而时时生活在恐惧中：缺乏天赋的真相会被人揭穿，昔日成功会付诸东流。所以，他们的作品必须完美无缺，任何一点缺憾都会让他们进一步认定自己是废物。他们很有可能毁掉任何不符合自己高期望值的作品——迅速去除掉缺乏天赋或能力不足的“证据”。

这种完美主义会形成一个循环，因为害怕失败，所以要求完美，表现在努力过度或无法接受一个项目是完整的——或者有时甚至会唯恐其不够好而害怕开始动手去做。

案例分析

杰克是一个有艺术天赋的高中生，他打算在大学主修艺术，也经常被人称赞有灵气。然而，他一直在冒名顶替综合征困扰下挣扎——他认为自己并不像他人想象的那么好，部分原因是他并非每种艺术类型都表现良好。他的长处是画人物肖像，但静物素描或其他类型的创作就不那么突出。有时候考试成绩也不如人意。正因如此，他感觉自己像个假冒者。为了减轻这种感觉，他非常努力地确保每张作品都完美无缺，只有这样，他才能证明自己是个天才艺术家，而非自我认知的假冒者。这也让他变得有点强迫症，如果作品在他眼里不够完美，他就不想上交，并且在每件作品上花费更长的时间，常常因为不是100%满意，就会把花费了数小时创作的作品撕毁。

淡化成绩

完美主义者和冒名顶替者的周期循环还表现为另一种现象——冒名顶替者常常会自我淡化所取得的成绩。对失败的恐惧、工作不够努力、真实面目被揭穿等这些因素，都会让冒名顶替者们工作非常努力，由此也容易做出成绩，但他们往往不会认为成绩是对努力工作的承认，相反会轻描淡写，“这没什么特别的”——每个人都能做到。这样一来就是坐实了冒名顶替者的感觉；一方面是取得了成绩，另一方面是认为自己并不是真的优秀，二者的不匹配会带来认知失调；持有的两种观点（或认知）互相矛盾——这是我们想摆脱的不舒服感。

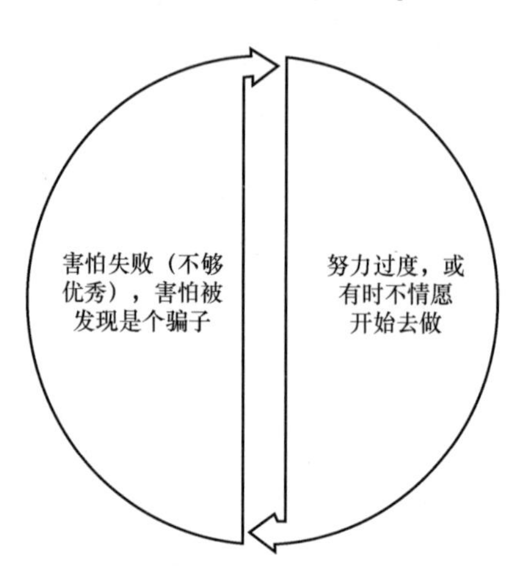

完美主义者—冒名顶替者循环周期

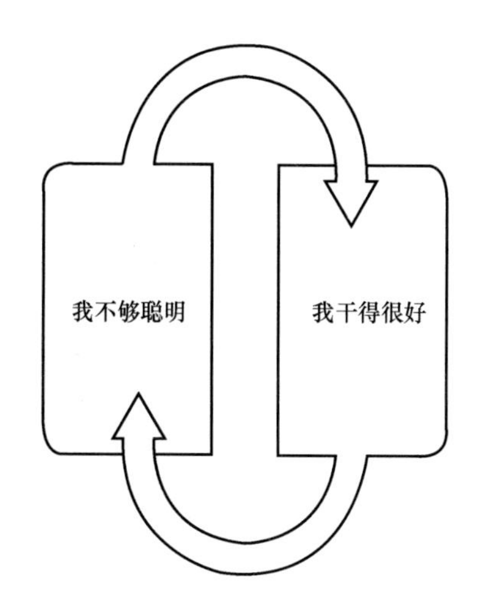

由低自我认知和成绩认可带来的认知失调

有两种方式可以减轻失调感，任择其一——要么改变自以为不够优秀的观念（“我一定很有天赋”），要么改变自己对取得优异成绩的认知（“只要我努力，该项工作并不难”）。通常来说，改变对成绩的看法相对容易，因为这样可以继续保留不够优秀的自我认知（这种认知是多年逐渐形成的），导致如下循环。

贬低赞扬

与上述现象相关的还有一种不真实现象，即打折扣地听取他人赞扬。这是一个奇怪的悖论，冒名顶替者苦心寻求他人的肯定和赞扬来证明自己有能力有才华，但获得赞扬时，他们又会站在赞扬的对立面挣扎。

如上所述，为了减轻这种失调带来的不舒服感，冒名顶替者

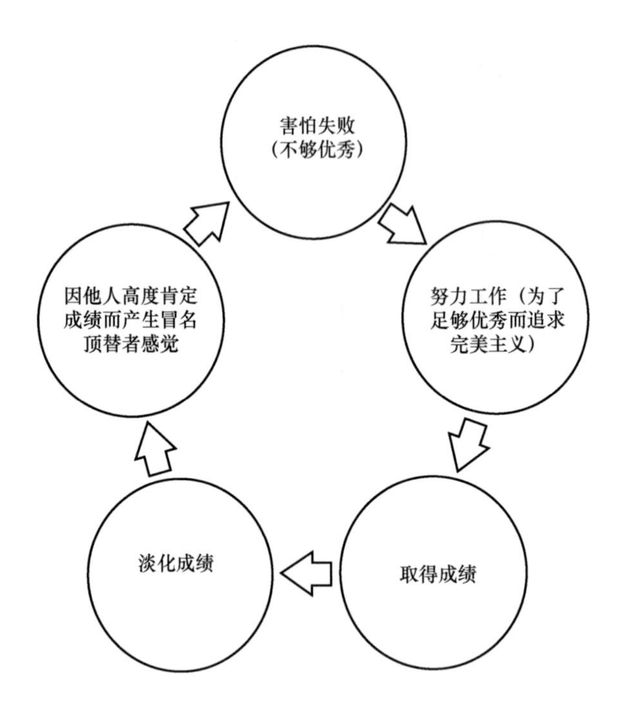

冒名顶替综合征的完美主义/淡化成绩循环周期

们必须改变两种观念中的其中一种，或者承认自己的优秀（担得起赞扬），或者贬低赞扬（“他们本意并非如此”“他并不了解情况”）。与之前一样，否定赞扬占了上风，毕竟它比改变自己多年来形成的认知要容易得多。

自我阻碍

现在，你可能会故意表现不好，为失败提供现成的借口。比如，你可能不会为面试做准备，也不会为考试而认真复习，来避免产生冒名顶替者感觉。如果你做得不好，你就不会认为自己是冒名顶替者。在一项对400多人进行的调查中，研究人员发现，那些在某些领域为自我设置了障碍的人，在冒名顶替者现象评估中更可能获得高分。[⊖]

案例分析

乔一直想写本书，但她知道找到一位合适的经纪人帮助出版很困难。她认为，能找到经纪人的作家一定非常优秀有才华，而自己并不属于这类人。她自认为写作能力还可以，但远远算不上优秀。经过一段时间坚持寻找，一位经纪人终于愿意与她合作。然而，最初的兴奋劲消退后，她又开始自我否定，认为如果自己处心积虑找经纪人的话，可能并没有那么难。她还进一步认为，相比找到真正的出版商，找经纪人容易多了——毕竟，经纪人并不能保证自己的作品一定能出版。甚至当她最终找到了出版商，她又开始贬低自己的成绩，提醒自己出版商也不能保证销售——书最终还面临销售问题。她所取得的每一点成绩，都因她自我暗示为这没什么了不起的，而被贬低了。

⊖ Jarrett, C. (2010). Feeling like a fraud. *The Psychologist* https://thepsychologist.bps.org.uk/volume-23/edition-5/feeling-fraud

你有冒名顶替综合征吗

截至目前，你也许已经察觉到了自身存在的冒名顶替综合征的某些症状和表现。最有可能的是，我们中许多人有上述列出的一些症状，但并不意味着患有冒名顶替综合征。事实上，我们应该记住这一点，冒名顶替综合征并不是一种公认的心理健康疾病，因此没有标准化的专业评估标准。

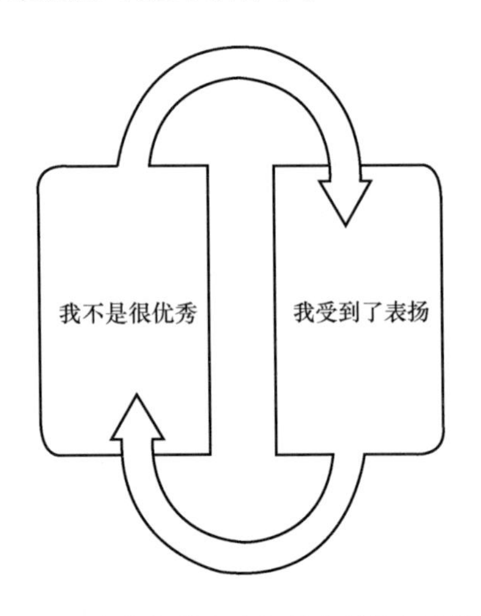

由缺乏自信与获得表扬带来的认知失调

但是，我还是设计了一套自我评估测试卷，让你们评估和了解自身所存在的症状是否已够得上患上了冒名顶替综合征。这套问卷是基于上述提到的普遍特征而设计的，并不是诊断心理健康的工具，但能快速简便地帮助查明你认为自己的冒名顶替程度。

接下来，我们会分别查看不同种类的冒名顶替者，也会有另一套测试卷来帮助你们确定自己的“类型”；所有这些都有助于你更好地了解自我，因而更有效地帮助你应对冒名顶替综合征。

回答下列每个问题，选择你认为最符合的答案。

自我评估测试

1. 你认为自己能轻易接受表扬吗？

很难	比较难	比较容易	很容易
1	2	3	4

2. 当你表现出色，你会选择性忽略它，认为没什么了不起的吗（如：这很简单，谁都能做到，没什么特别的）？

很有可能	有可能	不太可能	根本不可能
1	2	3	4

3. 当你表现出色，你有多大可能性将你的成功归因于运气？

很有可能	有可能	不太可能	根本不可能
1	2	3	4

4. 当你表现不好，你有多大可能性将你的失败归因于运气？

很有可能	有可能	不太可能	根本不可能
1	2	3	4

5. 当你表现不好或失败了，你有多大可能性将失败归咎于缺乏技能或不够努力？

很有可能	有可能	不太可能	根本不可能
1	2	3	4

6. 当你表现出色，你有多大可能性将成功归因于他人的支持（“他们帮助了我”）？

很有可能	有可能	不太可能	根本不可能
1	2	3	4

7. 当你表现不好，你有多大可能性将失败归咎于他人（“这都是他们的错”）？

很有可能	有可能	不太可能	根本不可能
1	2	3	4

8. 把关键事情做到最好，对你有多重要？

非常重要	重要	不太重要	一点也不重要
1	2	3	4

9. 成功对你来说有多重要？

非常重要	重要	不太重要	一点也不重要
1	2	3	4

10. 与干得很棒的事相比，你有多大可能性去关注自己表现不太好的事？

很有可能	有可能	不太可能	根本不可能
1	2	3	4

11. 对你来说，找到心目中的“英雄”并成为朋友、给对方留下深刻印象有多重要？

非常重要	重要	不太重要	一点也不重要
1	2	3	4

12. 你是否经常害怕表达自己的观点，以避免让人们发现你缺乏知识？

经常	有时候	偶尔	从不
1	2	3	4

13. 你是否经常发现自己因为害怕失败而迟迟不敢开始一项工作？

经常	有时候	偶尔	从不
1	2	3	4

14. 你是否经常发现自己因为工作不够完美而不愿意终止项目？

经常	有时候	偶尔	从不
1	2	3	4

15. 知道自己所做的某项工作不够完美，你是否开心？

非常不开心	不是很开心	有点开心	非常开心
1	2	3	4

16. 你是否经常认为自己是个假冒者？

经常	有时候	偶尔	从不
1	2	3	4

17. 你是否担心被人发现自己缺乏技能/天赋/能力？

非常担心	有点担心	不是很担心	一点也不担心
1	2	3	4

18. 对你来说，他人的认可有多重要？

非常重要	重要	不太重要	一点也不重要
1	2	3	4

如何打分

得分范围是 18 ~ 72，分数越低，你患有冒名顶替综合征的可能性越大。

一个大致的指引是，如果分数低于 36，可能意味着你有一定程度上的冒名顶替综合征。继续阅读看看你属于哪类冒名顶替者。本书接下来的章节将很有价值，能帮助你理解你的冒名顶替者理念起源于何处，如何应对以及如何建立起自信。

冒名顶替者类型

并非所有的冒名顶替者都一样，觉得自己虚伪的方式也不止一种。对冒名顶替综合征研究成果最丰硕的一位专家是瓦莱丽·杨，也是《成功女士的秘密思想》一书的作者。在这本书中，杨概述了自己划分的“能力类型”，这些都是与冒名顶替综合征进行抗争时可能遵守的内在规则。这些规则都是我们为自己创造的，常常带有诸如“应该”“总是”“不能”“永远不要”等词汇。基于此，杨划分了五种冒名顶替者类型（该类型应该同样适用于男性）。

完美主义者

正如我们之前所提到过的，完美主义是与冒名顶替综合征相关联的一种常见行为，但它也同样可以被视为一种冒名顶替综合征类型。如果你属于完美主义冒名顶替者，你可能会给自己设置很高的目标和期望，而实际上很难实现。如果错失目标，就会进一步强化你认为自己不够优秀的内心信念。

而且，即使成功了，你也不会满意，因为你会认为自己应该干得更好——也许会认为是自己设置的目标太低了。你更倾向于关注那些要改进的地方，而不是关注自己已经取得的成绩，所以结果是你常常会焦虑、自我怀疑和不开心。

如果完美主义者没有达到他们为自己设置的高标准目标，他们会发现自己很难摆脱内心的失望感和失败感；如果这是你，你可能会反复思考几天自己做错了什么，应该做什么或者可以做什么等。你可能也会将任何失败看作是自身能力的一种反映——你就是个失败者。反过来，这也证明你是多么虚伪，因为你已经很成功了，人们都认为你是一位成功人士。

作为完美主义者，你可能也不情愿将工作委派给他人，因为没有人能达到你所设置的离谱的高标准（正如你经常能看到的，高标准不仅仅是对自己）——由于完全痴迷于努力工作，你认为，相较于其他人，自己才是能达到目标的最佳人选。

完美主义冒名顶替者的内心规则

我做的任何事都必须完美无缺

我不允许自己犯错

如果不够完美，那么我就是个欺骗者

如果我处理得很完美，那么可能是我设置的标准不够高

我总是能做得更好

如果不够完美，那就是我的失败

如果我没有把事情处理得很完美，那可能是我没有尽全力的缘故

案例分析

玛丽莲是一位活动组织者，经营着自己的公司。这份工作对她来说非常重要，她常常为自己运营着行业内最好的公司而感到自豪，关注细节也是她的核心优点。问题在于，她不但对自己要求完美，对员工也是同样的要求。她日复一日地为客户设计最佳方案——这一点能帮助她赢得客户，但也意味着她不得不一直处于工作状态。她始终离不开电话和邮件，总是在不断寻求最佳产品和方案。甚至有时候她已经找到了适合主题的方案，但还是会继续寻求是否有更好的选择。她经常收到兴高采烈的客户对方案热情洋溢的反馈意见，但她本人却很少享受这种成功，因为她的全部注意力都集中在那些犯过错的或要改进的地方。常常是客户都没有意识到的微小变故或小问题，但玛丽莲却记在心里。甚至获得表扬了，她发现自己还是很难接受——她觉得这就是一场骗局，每个人都认为她的安排很成功，但她内心觉得还不够完美。

玛丽莲也发现自己难以将一部分工作委托给他人去做，因为她总认为自己能干得更好；如果员工搜索到一种产品，她仍然会自己再搜索一次（并且总是能找到更好的）。甚至在极少数情况下，她承认所有事情完成得很好，但她还是不能放松，无法享受自己的成绩——她会怀疑自己是否应该提高标准，把事情做得更出色。

女超人/超人

女超人/超人与完美主义者有一点不同，他们的成就感与其说与做了什么有关，不如说与做了多少有关。如果你是一名女超人/超人，你会认为自己擅长所有事情，实际上，还不仅仅是做好——还必须非常出色、卓越，甚至在所有方面都是佼佼者。所以，与完美主义者可能只是表现在某个方面，如工作、绘画、烹饪等不同，女超人/超人涉及的范围更宽广。作为一名超级冒名顶替者，一开始你会对自己同时处理多项任务的能力感到自豪——现在也同样出类拔萃。最初被定义的超级冒名顶替者类型是女超人，她们从小就相信自己可以拥有一切，所以她们努力成为完美的母亲、职业女性、妻子、女儿、学校家委会成员等角色。现在，随着我们越来越多人在生活中扮演着多重角色，这类人员也不再局限于女性。

你表现得越出色，你就越能向自己和世界证明你有多伟大。你不断寻求外部认可，而不是倾听自己内心的声音来说明自己的成功。正是因为这个原因，你可能会发现自己很难放松，很难享受当下——你必须不停地做一些事情来证明自己的价值。人们对你能处理那么多事情赞叹不已，你也尽情享受赞美之词。问题在于，你是在为自己失败做准备——你不可能同时在这么多不同角色上都那么出色。你不可能既是完美的父母、职场人，又是完美的志愿者、孩子、兄弟姐妹、家庭主妇、厨师和朋友。当你在某个角色上体验到不可避免的“失败”时，当你正在应对的某件事出现失误时，你就会严厉指责自己，并将此作为自己虚伪的证据；你非常努力地维持让人敬畏的形象，但实际情况是你跌下了神坛。这时你感觉到自己是个冒名顶替者。

超级冒名顶替者的内心规则

我必须擅长所有事情

做的越多，我就越优秀

如果我做不到每个角色都很优秀，那我就是失败的

我必须能够同时处理所有事情

我应该能够应对

不能应对就是软弱的标志

如果我把某件事搞砸了，就表明我是个骗子

案例分析

克洛伊是三个孩子的母亲、初创慈善机构的主任、孩子学校的副理事长、祖父所居住养老院的志愿者，同时还为自己喜欢的慈善机构跑半程马拉松。在家里，她喜欢从头开始准备每一顿饭——她不相信便利食品，认为里面都是添加剂。她希望家里人时刻都能吃上健康的、自己烹饪的食品，每次去学校接孩子，她都会给孩子带上家里制作的小点心。她还定期为学校

活动提供烘焙食物。

每个人都认为克洛伊让人钦佩，她常常因为能处理多件事情而受到别人的赞美。她喜欢积极主动，喜欢受到表扬，还喜欢组织活动，定期举办晚餐会，她的厨艺给客人们留下了深刻印象，她也乐在其中。朋友们经常对她说，他们都不知道她是怎么应对这么多事的——她为自己的孩子穿着干净、熨烫整齐、精心搭配的衣服而自豪，尽管她的日程已经满得不能再满了。除了一些清洁工作外，她什么都是亲力亲为。

然而，最近她开始觉得自己像个骗子。每个人都表扬她，就好像她是个女超人，但她认为自己并非如此。她开始自我挣扎，为了应对这么多事，决定偷工减料——请人帮忙熨烫衣服，购买一些速成方便食品，减少长跑活动。她觉得自己是个冒牌货，因为她不是大家认为的那种女超人——事实上，克洛伊觉得自己根本无法像过去那样应对所有的事情。她的能力不足恰好证明她是一个欺骗者。

天才

如果你属于此类冒名顶替者，你也许已经享受到了早期成功，并已相信或从小接受这样的教育：你的优秀是与生俱来的。这就意味着，一旦你要在某事上付出努力，你就认为自己是个欺骗者。作为一名天生的天才，你很可能在成长一开始就发现成功很容易——你也许学生时代就获得了优异成绩——并没有费什么劲。这让你赢得了“天才”的标签，但是问题在于，绝大多数人不可能在不付出任何努力的情况下保持这样的成就水平。因为需要付出努力，你认为你实际是在假冒天才——你之所以成功，是因为你异常努力，所以你根本就不是天生的天才。问题是，你的思维定势认为自己必须是“天生”天才，所以任何努力都只能证明你是个假冒者。你越需要努力奋斗或努力工作取得成功，就越能证明自己是个假冒者。

天生的天才并不接受这样的观点：大多数人不会从新手直接变成专家。如果你是天才，你就不能理解，在不太好到非常好之间有许多阶段——你观察事物的方式是非黑即白。你把标准设得出奇地高，这有点像完美主义者，但区别在于，完美主义者允许自己不断尝试，直到做好（常常要试验很长时间），但是天才会因为需要付出努力和期待尽快变得完美而打退堂鼓。基于同样的原因，你可能会讨厌被人支援，讨厌需要别人的帮助，因为你认为自己应该在没有帮助的情况下处理好事情。你甚至可能不愿意接受新挑战以防在挑战中表现不够出色——或者很快就气馁而放弃。

天才冒名顶替者的内心规则

我应该第一次就把事情做对

这些事对我来说应该很简单

如果我天生就很优秀/聪明，事情就不应该这么困难

取得成功应该很容易，否则我就是个骗子

如果我不得不在某件事上付出努力，那我肯定非常不擅长此事

案例分析

对詹姆斯来说，成功总是来得如此简单。他在学校是优等生，且不费吹灰之力——实际上，考试对他来说总是轻而易举。十多岁时，他通过父母联系很轻易地获得了一份很棒的实习机会。这个经历帮助他进入一所顶尖大学学习政治学，非常顺利地度过了大学前两年，同时还能兼顾社交生活，和很多迷人的女性约会。每个人都认为他有点石成金术，家人和朋友都称他为黄金男孩，生活看起来一片光明。

然而，在詹姆斯大学第三年，情况发生了变化。他的部分研究涉及一项独立的研究项目。他找到一个同意他加入的组织，但在最后关头失败了，让他举步维艰。他将其视为一次重大挫折，变得消极沮丧起来。他努力寻找替代项目，开始感到紧张焦虑。这反映在他的功课上，成绩受到影响。他开始觉得自己像个骗子和假冒者——他也许根本就不应该上大学。他一定不再是每个人眼中的黄金男孩——如果他是，就不应该有这些问题。他最终找到并完成了项目，成绩也回到正轨，但他觉得自己从小被天才名声压得喘不过气来。他相信自己不是所有人认为的那样——实际上他认为自己并不擅长这门课程，也不可能在政治上取得成功，因为这对他来说已经变成了一种挣扎。

极端个人主义

如果你是这种类型的冒名顶替者，你会认为成功就是依靠自己的力量完美地处理所有事项。这并不是说你不想和团队合作，仅仅是说，如果你获得任何他人的帮助或输入，这个成功就不值一提。这和天才拒绝他人帮助的方式不同——天才只是认为应该能够靠自己获得成功。但是，作为极端个人主义者，你会拒绝帮助，因为你认为在帮助下自己不可能宣称结果是成功的——“那不是我，因为我获得了帮助”。并且，你想得到自己的荣誉是因为那能增强你的自尊心。如果你获得了帮助，有人恭维你，你就会觉得自己像个假冒者。类似地，如果你请求帮助，或者甚至得到帮助，这也许意味着，其他人认为你是一个不知道该干什么、不能独立处理事情的假冒者。所以，寻求帮助，就是在暴露你的虚伪。

极端个人主义冒名顶替者的内心规则

我应该能够自己处理

如果有人帮助了我，我的虚伪就完全暴露了

如果我得到了帮助，这意味着我不能自己处理

个人成就才是最重要的

案例分析

马克是一名广告行业高管，非常富有创造力。他最喜欢的事情就是参加广告大赛，用绝佳的创意证明自己的创造力，然后把创意卖给客户。他以其卓越的创意而闻名，工作上有超强创造力的名声，也赢得了很多赞誉。

但是，马克的弱点是，他讨厌团队合作——因为绝大多数广告竞争并非单打独斗，所以这一弱点成为一个问题。如果他是获胜方成员，他在自己的成功记录册上，就会把这次事情视为不那么重要的胜利——而如果没有足够多的个人成就，他又会觉得自己像个假冒者。但是其他人仍然认为他有出色的创造力，因为他总能在团队讨论中出其不意地提出一些新奇的观点。所以，他还是有很好的名声——但他自己认为名不副实，因为，在他看来，伟大应该来自自己的单打独斗，而并非合作项目。

马克的另一个弱点是，他从不寻求帮助。他常常要处理许多方面的工作，他认为如果寻求帮助，不仅意味着这种成功“不值钱”（且会进一步加深虚伪感），而且会暴露自身的假冒属性；如果他是人人都认为的那种创意天才，他就不应该需要帮助。

专家

如果你是这种类型的冒名顶替者，你也许已经被贴上了所在领域专家的标签，且你自认为这个标签是名不副实的。对于专家型冒名顶替者，面临着“专业”的门槛，而这个门槛你还没达到（也许永远也达不到）。因为门槛高得离谱——作为专家，你必须了解与该主题或该领域相关的所有知识。显然，没有人能做到无所不知，所以专家的目标有可能落空——这进而证明他们真的是假冒者。

作为专家型冒名顶替者，你也许有一大堆资质证书来证明自己作为专家的价值，但你也认为自己只是侥幸、偶然甚至用要小聪明的手段获得了这些。当被称为专家时，你可能会感到畏缩，觉得自己配不上专家这个标签。

作为专家型冒名顶替者，你可能会投入大量的时间和资源去参加很多学习和培训——以便成为你认为自己应该成为的专家。当然，追求学术发展和加强学习总是对的，但是专家型冒名顶替者可能会对此有所执念。你也不相信边干边学——体验式学习。你时常感到不够称职，认为自己缺乏专业性而不愿意去寻找新角色或晋升。例如，一项招聘广告要求六项技能，即使你已经具备五项，你也不会去申请。你甚至可能会拒绝或不愿意使用自己的技能，直到自己足够“专业”——但这一时刻永远也不会到来，因为你把专业门槛设置得不可思议地高。

专家冒名顶替者的内心规则

我必须无所不知，才能称为专家

如果我不能了解一切，那我就是个骗子

我只有成为专家，才能运用自己的技能

我还不够格

如果我真的很聪明，那我应该早知道了

我不能寻求帮助，因为那样会暴露出我的虚伪——

我本意是要成为一名专家

我需要参加更多培训，获得更多经验或技能，

才能在众人面前展示自己

其他人总是知道得比我多

案例分析

维姬是一位房产经纪人，最近开始在媒体上作为“专家”从事相关工作。她被邀请在本地报纸上评论一篇房地产相关报道，自此媒体工作越来越多。现在，她经常出现在几家国家和地方新闻媒体上，谈论的内容也从房价延伸到如何让房屋更吸引购买者等话题。

这些当然都对她的事业有帮助，但是维姬发现“专家”的角色很难胜任。她一点也不觉得自己是专家，事实上，她认为自己从事该行业仅三年，其他人比她更有资格成为“专家”。她认为自己需要更多经验，开始觉得自己像个骗子。当人们在电台采访中赞美她时，这种欺骗他人的感觉更加强烈，她长时间担心自己的评论意见是不是足够好；她觉得，那些有经验的人可能会比她说得更好，或更明智。

为了克服这种感觉，维姬一直在网上阅读与房地产有关的知识，她开始强迫性地要求自己必须了解所有的一切，但时常感到自己做不到，永远也不可能无所不知——这进一步强化了她对自己虚伪的认知。工作过程中她感到，因为自己必须是“专家”，应该了解所有的知识，不敢向他人求助——如果这样做了，所有人都会意识到她是个冒名顶替者。她不断学习认证课程，参加培训，以便能成为人人都认可的那种专家。

你属于哪种类型

现在，我们已经研究了五种主要类型的冒名顶替者，这有助于你们认识到自己属于哪种类型。也许通过阅读这些描述，你已经有了一些想法，如果还不确定，那么接下来的小测验将帮助你确定——或者帮助你进一步巩固最初的想法。

必须再次强调一下，这个测试不是诊断工具，但能引导你更多地了解你的冒名顶替者观念是如何发展形成的（如果你有的话）；要应对好冒名顶替综合征，第一步就是要学习这些工具和策略，全书都将贯穿这一点。

你赞成如下哪些说法？如适用，请画圈	
如果我要做某事，那就必须是100%成功，这一点对我很重要	A
如果我能承担许多不同角色——只要我能做好，我会感到很高兴	B
如果第一次做不好，我就会放弃	C
我更愿意亲力亲为，不需要任何帮助	D
别人都认为我是某方面的专家，但其实我所知甚少	E
如果我犯了错，就意味着我失败了	A
我要同时处理生活中很多事情，并且要做好，这对我很重要	B
如果我挣扎于某事，这就意味着我在这方面并不擅长	C
如果某人需要帮助我，他们就会知道我实际上多么缺乏竞争力了	D
我必须阅读和学习以便掌握所在领域中的所有知识	E
如果我不能完美地完成某事，那我根本就不应该去做	A
人们会因为我能处理许多不同的事情而崇拜我	B
如果我不得不努力去做某事，那么我在这方面就不太擅长	C
只有完全依靠自己的力量取得胜利，这样的成功才有价值	D
其他人比我掌握的知识要多得多	E
我发现，停下一项工作并宣布它完工是一件困难的事	A
人们常常会疑惑我是怎么获得如此多成绩的	B
我经常发现成功是件很轻松的事情	C
我习惯于自己处理事情	D
人们似乎认为，我知道的比做的更多	E
如果我在某方面获得了成功，那它可能是太简单了，任何人都能做到	A
如果我生活某一方面不够好，我就会觉得自己是个失败者	B
人们似乎总认为我是个天才	C
当我在没有任何他人帮助的情况下取得成功，我会获得更大的成就感	D
我并不具备人们认为我具备的那些技能	E

怎么打分

把你画圈最多的字母加起来，根据下表划分类型。请注意，有些冒名顶替者会横跨多个类型，例如，你有可能是专家和极端个人主义冒名顶替者。

大多数是 A	完美主义
大多数是 B	女超人/超人
大多数是 C	天才
大多数是 D	极端个人主义
大多数是 E	专家

本书后续章节将探讨冒名顶替综合征如何发展——以及我们如何将冒名顶替者的自我怀疑转变为自信，这些类型将在本书相关章节中再次出现。

第二章　为何冒名顶替综合征如此普遍

在第一章中，我们指出可能导致人们患有冒名顶替综合征的一些偏“历史性”的因素，例如家庭环境或生活方式等。本章将着重讨论可能使人们产生虚伪感或欺骗感的社会和心理因素。我们也会考察导致冒名顶替综合征在现今社会如此盛行的更多其他原因，如社交媒介对自尊的影响，人们对风险程度最高的人群——所谓千禧一代的社会期望等。

理解这些因素将有助你认识到自己为什么会产生冒名顶替感，意识到这并非你自身的过错；有冒名顶替综合征并不是缺陷，也并不意味着失败。相反，今天的社会似乎更容易引发冒名顶替综合征，所以如此多的人都深有体会就不奇怪了。

一旦了解了冒名顶替综合征的诱发原因，我们将查看几种特殊人群和环境，如女性、男性、父母和孩子，在职人员或社交圈——并在接下来的章节中逐一讨论应对冒名顶替者感觉和冒名顶替者想法的一些策略和提示。

自尊的价值

患有冒名顶替综合征的一个主要潜在原因，是与个人较低程度的自我尊重、自我信念、自我信任有关。对冒名顶替者来说，整个价值观就是你觉得自己不够优秀；而正是低自信、低自尊导致了这一结论。

通常这种认为自己不够优秀的感觉（为了什么？为了谁？）根源于孩童时期，并内化为“核心信仰”。这是我们从他人处学习到的信念或价值观，不知不觉成了我们天性的一部分。

自我尊重（self-esteem）、自我信任（self-confidence）和自我信念（self-belief）之间有什么差异？

自我信任与我们认为自己能做什么或擅长做什么有关；而自我信念是指我们相信自己是真实的；自我尊重是指我们如何把自己作为一个整体来看待，而不是某个具体组成部分去看待。它指的是我们感受到的对自己的赞美、接受和珍视程度。低水平的自我尊重意味着对自我的否定。

例如，我可能对自己赢得100米短跑比赛的能力缺乏自我信任。但此处的自我信念是我并不擅长跑步。这并不能影响我的自我尊重——我仍然对自我有较好的评价，认识到自己的跑步技能（或缺乏跑步技能）并不影响我是一个品行端正的、善良的、阳光的或值得重视的人。

此外，如果我认为跑步技能在自我价值中非常重要，那么此事就会影响到我的自我尊重。也许我的身份与我能不能跑得很快直接紧密相关——我是个前职业运动员。那么，现在不能赢得比赛会让我感觉到失去了价值，进而影响自尊感。

自我尊重由两个部分组成：相对稳定的“整体自尊”或“特质自尊”，和可根据所处时间、地点的环境而变化的“状态自尊”。例如，我的整体自尊可能比较高，总体上我对自己感觉良好，但如果我去参加一个晚会并对自己的现场表现不太满意，则说明我的状态自尊偏低。

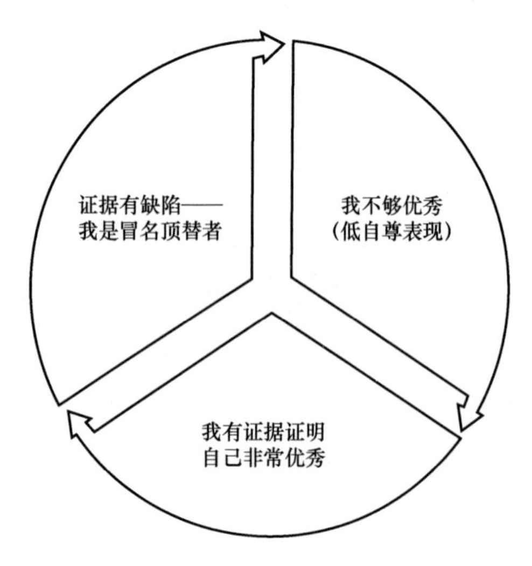

冒名顶替者自尊循环

当然，每个人都有自我怀疑和缺乏自信的时候，这很正常。实际上，过于自信也是个问题，甚至还有专用术语：邓宁-克鲁格效应（Dunning-Kruger effect）。它是一种对优越感的认知偏差或心理偏见，用来形容持续的能力欠缺或不愿意承认自身无知或能力不足（关于这一点，后续将继续讨论）。

但是长期处于低水平自尊并不是一种健康状态。它常常会让人感到自卑、绝望、悲伤和沮丧，甚至可能会有自杀倾向。[㊀]已有证据表明，它与冒名顶替综合征有密切关系。

冒名顶替者自尊循环显然是存在的。如果你对自己是负面评价，你就会认为自己所做的任何事都不够好。如果证据刚好相反，你就会产生认知失调，在两种互相对立的自我评价中挣扎。为了消除心理上的不舒服感，你不得不改变其中一种认知（或观点）——要么改变你自认为不够优秀的核心信念，要么改变“有证据表明自己很优秀”的自我认知。而核心信念非常难以改变，但改变自我认知通常相对容易，即将“有证据表明自己很优秀”变为“证据不足为信”。正如第一章列出的某些类型的冒名顶替综合征，这种情况是可能出现的，比如说，认为“我取得这些成绩完全是凭运气，我其实是个冒名顶替者”。

但是，如果引发冒名顶替综合征的部分原因是低自尊，那么一开始是什么引发了低自尊呢？形成“我不够优秀”核心信念的原因有很多。

- 不满意的父母或家庭权威——在被否定的环境中长大，总是被批评为不够优秀的人，常常会带来此观念的内化。

㊀ J. N. Egwurugwu1, P. C. Ugwuezumba1, M. C. Ohamaeme2, E. I. Dike3, I. Eberendu4, E. N. A. Egwurugwu5, R. C. Ohamaeme6, Egwurugwu U. F (2018). Relationship between Self-Esteem and Impostor Syndrome among Undergraduate Medical Students in a Nigerian University. *International Journalof Brain and Cognitive Sciences* p-2163-1840 7 (1): 9-16

即使这种不满意只与生活的某个方面有关（例如，数学水平或长相），但常常会延伸到其他领域，所以，“我数学不好”就变成了“我任何事都做不好”。

- 过度控制型父母——这同样也会带来低自尊，因为孩子在成长过程中可能会感觉到自己无法自主决策。研究人员在英国一项大学生调查中发现，那些有控制型和保护型父母的学生在进行冒名顶替者测评时，往往得分更高。[㊀]无独有偶，在 2006 年澳大利亚一项大范围职业人员调查中发现，得分较高的冒名顶替者与宣称家里有一个溺爱孩子的父亲呈正相关关系。[㊁]所以，可以认为，受溺爱的孩子更可能将自己的成功归结于父母的参与，而不是自身的能力，因而在受到表扬时会感觉自己像个骗子。
- 缺乏监护人关注——孩子在成长过程中没有得到父母或监护人足够的投入或关注，会使孩子产生这样的感觉，即他们不值得获得关注，他们所做的任何事情都不值一提。
- 被欺凌——孩童时代受到欺凌对孩子的自尊心成长有巨大的负面影响，特别是如果他们的生活中没有出现其他人向他释放强烈的“你很好”信号，不足以对抗欺凌者释放的“你不好”信号的话，就更容易形成“我不够优秀”的核心信念。

㊀ Jarrett, C. (2010). Feeling like a fraud. The Psychologist https://thepsychologist. bps. org. uk/volume-23/edition-5/feeling-fraud

㊁ *ibid*

- 学习成绩不好——在学校表现不好可能导致低水平自尊，因为孩子已经知道自己“不够好”。考分低或需要额外帮助可能会释放出“你不够优秀”的信号——特别是在学业成绩受到高度重视的情况下。
- 宗教信仰——有时候，当孩子在成长过程中认为自己有罪孽时，他们会开始认为自己不值得获得上帝的爱。
- 与他人比较处于不利地位——这通常指的是兄弟姐妹间的比较，也可能是与亲戚甚至朋友间的对比。
- 社会比较——有时候这种比较不是来自他人，而是来自你自己。社交媒体对不健康的社会比较要负很大的责任。关于这一点将在本章结尾处进行讨论。
- 相貌——在健康（或不健康）自尊发展过程中，相貌可能是一个重要因素。对自己相貌不太满意的人很容易将“我长得不太好”解读为“我本人不太好”。
- 虐待——遭受过虐待的孩子在成长过程中会产生这样的认识，认为自己只配得上糟糕的对待，不值得获得更好的待遇。这同样适用于有过受虐经历的成年人。

在接下来与养育相关的章节里，我们会回过头来讨论自尊问题，让我们一起学习如何让孩子患上冒名顶替综合征的风险最小化。

归因偏差

上述讨论的所有因素都能影响人们的思考方式或思维模式，

从而发展形成冒名顶替综合征。其中一种模式与一种被称为归因偏差的思维方式有关。

归因偏差是指当我们试图为自身和他人的行为寻找原因时，常常会犯错或产生偏见。我们一直在努力想弄清楚，为什么我们和周围的人会去做事情，完成事情，在事情上争输赢——这是我们所有人试图理解世界的一部分。例如，如果你面试时表现不好，你可能会自责没有做好充分准备（这是所谓的内因，因为你将指责指向自我），或是怪罪面试官问的问题太难（这是所谓的外因，因为你没有把指责指向自我，而是指向其他人）。

当然，有时候内归因或外归因都可能是对的，但是如果我们对于发生在自己身上的事情，总是倾向于只讲外归因（总是别人的错）或只讲内归因（总是自己的错），那么我们的思维模式可能就是有偏见的或无益的，我们将其称为思维错误。

当我们试图解释人类行为时，会犯不同类型的思维错误，这就是所提到的归因错误。

导致冒名顶替综合征的归因错误可能与上述提到的内因外因比较有关。绝大多数没有冒名顶替综合征的人更倾向于将成功归结于内因（如，与自身的能力、技能或努力有关），将失败归结于外因（事情超过了自己的控制）。例如，如果你没有通过驾照考试，你可能会归结于考官太严厉，但如果你通过了，你可能会归结于是自己努力练习。这就是所谓的“自我服务偏差”。

然而，如果你有冒名顶替综合征，归因倾向则恰恰相反。成功被归因于运气或别人出错等你不能控制的外部因素，而失败则

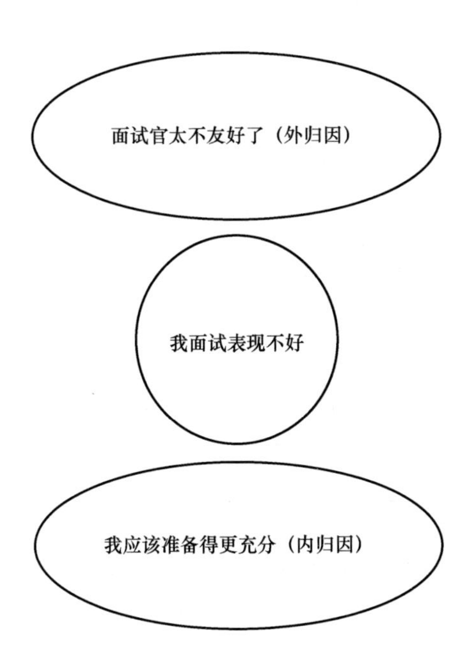

我们如何运用内归因或外归因来解释结果

会让你自责（我应该更加努力的）。

成功归因		失败归因	
非冒名顶替者	冒名顶替者	非冒名顶替者	冒名顶替者
我是因自身努力或技能出色才获得成功的（内归因）	我获胜的原因与自身努力或技能无关（外归因）	失败不是我的错（外归因）	失败都是我的错（内归因）

在对某种行为或结果进行归因时，除了内外部因素，还要考虑两个其他因素。首先我们要看这种行为是否稳定，其次看是否

可控。

稳定的	如果你认为结果稳定，那么下次可能出现同样的结果。因此，努力与否并不重要，迟早是会失败的
不稳定的	相反，如果不稳定，结果可能就是另一种局面。如果下次更努力，可能就会成功
可控的	如果打算控制，你就能改变或影响结果。如果做好面试准备，就会获得更好的机会
不可控的	你不能轻易改变结果。不管是否准备，都无济于事——完全取决于他们打算问什么问题

冒名顶替者倾向于将成功归因于稳定、外部及不可控因素，例如，“我能获得晋升，完全是个意外（外归因）；我过去配不上，以后也配不上（稳定归因）；此次晋升完全是超出我控制的外部原因造成的（不可控归因）”。

归因方式在青少年早期就开始发展形成，年轻人会对特定行为进行总结概括，发展出自己的自我价值观，并进行社会比较。他们开始学习并练习从孩童时期的生活琐事中做出推论，特别是那些负面事件。这个学习过程既会受到孩子个性等内部特征的影响，也会受到养育方式等外部因素影响。

例如，如果孩子听到父母对发生的某个积极事件做出了外归因（如，“你诗歌比赛获奖了，真幸运！”），他们可能就会内化这种归因模式并遵照执行。同时，研究表明，父母对孩子的语言批评和孩子对消极事件的自责归因倾向有关（“这件坏事的发生都是我的错”）。久而久之，这种归因模式就内化于心，成为他们的行为标准，形成相对稳定的负面归因模式。

患有冒名顶替综合征不仅仅会因消极事件而自责，还会对积极事件外归因。随着年轻人不断长大，寻找对意外成功的解释，这种思维会进一步发展。例如，如果孩子没有被家里人打上聪明的标签，那么学业上的优秀就必须按照外因而非内因来解释（“这只是偶然事件，并非头脑聪明”）。

社交媒体的作用

如前所述，我们生活中有70%的人群在生活的某个时刻经历过冒名顶替综合征——当今世界由社交媒体提供的即时和持续的社会比较在其中发挥了巨大作用；值得注意的是，62%的人群宣称，社交媒体网站让他们对自己赢得的生活或成绩感到不足。[⊖]

社交媒体是一个伟大的平台，为人们提供了很多便利，但同时也带来了许多问题。它对冒名顶替综合征的影响方式如下。

人们倾向于发布他们生活中的精彩片段

社交媒体的一个大问题是，总的来说，我们只能看到他人正在做的和正在获得的精彩片段，几乎看不到任何平凡或悲惨的事情。近期研究发现，经常使用脸书网的用户认为，其他用户比自

⊖ Curtis, S.（2014）. Social media users feel ‘ugly, inadequate and jealous’. *The Telegraph* https://www.telegraph.co.uk/technology/social-media/10990297/Social-media-users-feel-ugly-inadequate-and-jealous.html

己更快乐、更成功，特别是不太了解他们线下的现实生活时。[一]这也就是为什么60%的社交媒体用户说，他们嫉妒朋友们的生活。[二]每个人都在竭力表现出自己的与众不同，这意味着成功的门槛太高了；我们夸赞和展示着我们自己和孩子们的成功，似乎再也没有所谓的平均水平，更不用说低于平均水平了。

但是，并非每个人都能这么特别，当然也不是一直如此。我们只盯着别人的特殊之处，就对自己不够满意。但是，冒名顶替综合征还不仅仅是有不满足感；更是有一种虚伪感，在这一点上，自吹自擂的发帖人可能会像读帖人一样，甚至比读帖人更痛苦。

在每一篇精彩生活的自夸帖背后，都可能有上百件平平无奇（从未公布）的事情。这也就意味着，对于发帖人来说，他们在精心刻画自己的完美形象——他们深知这并非现实。有研究表明，脸书网用户正在变得越来越沮丧，因为他们不仅仅在和他人相比，而且也在和自己的形象做比较。[三]当他们的现实生活与自己在网上展示出来的光辉形象不匹配时，他们就会感觉到自己是个冒名顶替者。他们觉得有欺骗感，因为他们事实上就是个骗子。他们展示着精心编辑后的精彩片段，每个人都认为他们是迷

[一] Social media use and self - esteem. *New York Behavioural Health* http://newyorkbehavioralhealth.com/social-media-use-and-self-esteem

[二] Curtis (n 4)

[三] Silva, C. (2017). Social Media's impact on self-esteem. *Huffington Post* https://www.huffingtonpost.com/entry/social-medias-impact-on-self-esteem_us_58ade038e4b0d818c4f0a4e4

人的存在。而只有他们自己知道事实并非如此——因此他们才会感觉到像个欺骗者。前社交网红伊桑娜·奥尼尔（Essena O'Neill）在2015年18岁时就已经拥有了60万粉丝，她认识到网上光鲜亮丽的形象与现实生活的不匹配，承认她"刻意营造的完美"生活方式实际常常是花费数小时精心制作的，这种造假行为让她陷入了深深的焦虑中，[1]于是她公开删除了自己所有社交媒体账号。

为了获得成功而付出的努力或艰辛过程被掩盖

社交媒体就像品牌一样，已经成为我们展示自我的一种方式。我们总是倾向于夸大自己的成绩，但是淡化所付出的努力和艰辛。这会带来第一章所提到的天才型冒名顶替综合征。我们也许能看到朋友在社交媒体上发布自己创作的精美绝伦的艺术作品，但看不到他们在该作品之前也许已经撕毁的12张画作。如果我们下定决心想要有创造力，而第一次尝试就不太成功，我们可能会就此放弃，认为自己永远也不可能像朋友在脸书网上晒出来的那么优秀。

与许多人进行社会比较是可能的

人类的一个基本需求就是与他人比较。这是人类的天然本

[1] Hunt, E. (2015). Essena O'Neill quits Instagram claiming social media 'is not real life'. *The Guardian* https://www.theguardian.com/media/2015/nov/03/

性，通过观察自己与他人的匹配程度来评判自己在生活中的进步或成功——这是心理学家利昂·费斯汀格（Leon Festinger）20世纪50年代在“社会比较理论”中提出来的观点。社会比较具有许多不同功能，例如满足附属需求（建立和维护社会关系）、自我评价（来确定我们做得是否出色）、做决定（通过征求他人观点）或受到启发（我们参观了别人家的房子，可能会受到启发重新装修自己家）等。[⊖]

在社交媒体和互联网出现之前，甚至回溯到更远的在廉价高效的交通工具出现之前，人们生活在与之社交的人群中。他们住在居民区，他们过着与自己相似的生活。我们的邻居住着和我们相似的房子，用像我们一样的方式度过休闲时光，抚养孩子。他们的孩子可能在同一所学校上学，自己在同一家工厂工作。在那个时候，我们的社会晴雨表是由志同道合的人制定的。不错，人们会意识到社会阶层差异，他们知道富人的大房子在镇子的另一侧，他们也知道其他人过着不同的生活，但是社会比较相对模糊。他们知道名人、皇家贵族、电影明星以及他们所过的迷人的生活，但是这些生活与他们自己的生活相去甚远。他们倾向于与和自己过着类似生活的人进行比较。并且，这样也不会有太多不足。

但今天就不一样了。我们在脸书网、Ins、推特等社交平台

⊖ Social media use and self-esteem. *New York Behavioural Health* http：//newyork-behavioralhealth. com/social-media-use-and-self-esteem

可以和许多过去想象不到的人进行生活比较，他们不仅包括名人，还有朋友、熟人、同事等也许只比我们稍微宽裕一点的人。之前的那一代人不可能真正在现实中熟悉这些人。但是现在，他们和他们的生活方式会经常地、持续地呈现在我们面前。

有这么一大帮人，我们和他们进行生活比较并不那么痛快。研究表明，大约88%的人群会在脸书网上进行社会比较，而令人震惊的是，在这一人群中，98%的比较是向上的社会比较。[㊀]这意味着，我们会把自己和那些我们认为优越的、具有积极特征的人进行比较，而不是把自己和那些不如我们、具有消极特征的人进行比较。我们可能会为自己的小小成功而感到高兴和满足，但与社交媒体上其他优秀人士的成功相比，我们的成功突然显得微不足道。我们的成功突然看起来如此虚假。我们可能会觉得自己像个冒名顶替者，只是假装成功而已。与真正的事实相比，我们是虚伪的。

社会比较是即时且无所不在的

只要接触社交媒体，我们就逃不开社会比较。它随处可见。除非我们不使用它，只要联网，别人的精彩生活就会不断地涌上心头。这种点点滴滴的效应可能比前几代人偶尔经历的社会比较更有害。在过去的几代人中，人们可能会在日报上读到富人的生

㊀ Jan, Muqaddas & Anwar Soomro, Sanobia & Ahmad, Nawaz (2017). Impactof social media on self-esteem. *European Scientific Journal 13*, 329-341, 10

活——然后第二天心无旁骛地继续自己的生活，直到再在第二天的日报上看到新的内容。当然，现在当我们刷新推送的新闻、保持网络连通状态时，信息内容是连续不断的。一项调查表明，我们平均每 12 分钟就会去查看一次手机，35 岁以下的年轻人平均每 8.6 分钟就会看一次。[㊀]

寻求点赞

社交媒体的特点之一是鼓励人们寻求对自己观点、意见和生活方式的认可。我们通过人们对自己发帖内容的点赞或回复数量来衡量社会对我们的支持程度。关于这一点已经有了专有名词叫“虚荣印证”。研究还发现，低印证会降低自尊；那些低自尊的人在社交媒体上发布信息时，如果没有得到他们所寻求的印证，受到负面影响的可能性更大。这样形成了一个恶性循环，自尊心越低，我们就越可能患上冒名顶替综合征。而且，我们也很容易测量出他人的印证，这在社交媒体出现之前是不可能的。我们不仅能一眼看出自己的社交网络中有多少朋友——我们收到了多少个点赞、评论和转发——也能看到别人的朋友圈。这种互动被视为一种成功的衡量标准——一个人的认可度越高，他们就越受欢迎，社交能力越强，越成功（我们也就有越多的证据表明自己能

㊀ Hymas, C. (2018). A decade of smartphones: We now spend an entire day every week online. *The Telegraph* https://www.telegraph.co.uk/news/2018/08/01/decade-smartphones-now-spend-entire-day-every-week-online/

力不足）。[一]

千禧一代

千禧一代，也被称为Y一代，是由20世纪80年代初到90年代中期出生的人组成的人口群体，因而在21世纪初进入成年。这个群体被认为是最易受冒名顶替综合征影响的群体，这不仅因为他们毕生都在体验技术发展和数字进步（他们是第一代体验互联网和电子邮件，并将其作为工作生活的一个正常组成部分的人）、社会压力和社交媒体比较，还因为他们父母的养育方式。[二]

千禧一代与之前的几代人不同，他们是“战利品”孩子，父母们对他们赞不绝口。这些孩子只要参与活动就能获得奖品，因为社会开始关注未获胜对孩子脆弱自尊的影响。与父母那一代人相比，任何40岁以下的人都有一堆他们几乎不费吹灰之力就能获得的奖杯和奖牌，而他们父母那一代人则必须为这种荣誉付出努力。这也解释了最近一家报纸的哀叹，千禧一代很难应对现实世界，因为他们的经历是“最后一名也能获得奖牌”。[三]

[一] Social media use and self-esteem. *New York Behavioural Health* http：//newyork-behavioralhealth. com/social-media-use-and-self-esteem

[二] Carter，C. M.（2016）. Why so many Millennials experience Imposter Syndrome. *Forbes* https：//www. forbes. com/sites/christinecarter/2016/11/01/why-so-many-millennials-experience-imposter-syndrome/#782a89d46aeb

[三] Hosie，R.（2017）. Millenials struggle to cope at work. *The Independent* https：//www. independent. co. uk/life-style/millennials-struggling-work-careers-because-their-parents-gave-them-medals-for-coming-last-simon-a7537121. html

这会给这一代人带来极大的困惑。一方面，他们被告知自己是成功的——很容易获得奖杯就能证明这一点，但另一方面，这些奖杯似乎证明了他们的虚伪——他们父母所要求的真正成功并不是体现在这些"参赛奖杯"上。根据美国心理协会的说法，由此产生欺骗感的风险会增加。[1]这一代人是伴随着冒名顶替综合征长大的，这有什么奇怪的吗？

所有这些，都可能让千禧一代成为我认为最需要证明的一代。据《时代》杂志报道，千禧一代报告说，与前两代——婴儿潮一代（出生于二战后的20年）和X一代（出生于20世纪60年代中期至80年代初）相比，他们作为父母感到更加不适、不知所措和缺乏判断力。[2]千禧一代和冒名顶替综合征之间的联系被重新建立起来。谁知道下一代——Z一代会发生什么？我们还没有看到他们是否最终成为"冒名顶替者"的一代——或者对这种现象日益增长的关注是否会给他们提供一些保护。

迄今为止，我们已经研究了为什么很多人容易出现冒名顶替综合征以及有哪些不同种类的冒名顶替综合征。现在让我们来探讨特殊人口群体遭遇冒名顶替综合征时所遇到的风险和患病率。

---

[1] Weir, K. (2013) Feel like a fraud? American Psychological Association http://www.apa.org/gradpsych/2013/11/fraud.aspx

[2] Stein, J. (2013) Millenials: the me me me generation *Time Magazine* http://time.com/247/millennials-the-me-me-me-generation/

第三章　职场女性：与生俱来的冒名者

冒名顶替综合征概念的提出最初是针对职场女性的，[⊖]它确实一直与女性有密切关系。事实上，最开始，人们认为这种综合征只影响女性，但在下一章你们将会看到，很多男性也受此影响。尽管有大量证据表明，女性在职场上信心偏低——尤其是在男性占主导地位的行业里——收入也低于男性同行，关于这一点将在本章后续讨论；但实际上，我很难找到真正过硬的数据来支持20世纪70年代提出的关于女性比男性经历更多冒名顶替综合征的论断（在关于冒名顶替综合征的早期讨论中）。后续章节会讨论我们日益认可的冒名顶替综合征对男性有影响的观点，但此刻，让我们先来看看女性冒名顶替者现象、冒名顶替者经历，探讨为什么人们认为冒名顶替综合征对女性影响很大的合理解释。

在职场女性中盛行

在所有关于冒名顶替综合征的讨论中，女性出现的比例总是要高于男性。印第安纳州南本德圣母大学的社会学家杰西卡·L.卡勒特（Jessica L. Collett）声称，“虽然男性和女性都可能患有

⊖ Clance, P. & Imes, S. (Fall 1978). The imposter phenomenon in high achieving women: dynamics and therapeutic intervention (PDF). *Psychotherapy: Theory, Research & Practice.* *15* (*3*): 241-247.

冒名顶替综合征，但女性患者比男性要多……”，而且，“女性产生冒名顶替者感觉的频率也比男性要高”，且更易受其拖累。[一]然而，找到支持这一差异的硬数据也是超乎寻常地难。

一项对技术工人的研究为我们提供了一些硬数据，数据表明，调查中50%的女性表示冒名顶替综合征是一种常见经历，而男性这一比例只有39%。[二]然而，这些工人都在传统男性工作领域，所以数据也许不能代表广大工人——正如第一章所提到的那样，在自己性别不具代表性的领域里工作，更容易患上冒名顶替综合征。

长期以来，冒名顶替综合征变成了女性的“职场焦虑症”[三]——现在仍然如此。如果你在谷歌上搜索冒名顶替综合征，会弹出数百篇文章，而且大多与女性有关。当然，这一观念已经被许多人接受，他们认为这是女性无法与男性实现职场地位和薪酬平等的部分原因（即使在今天的英国，工资收入高于15万英镑的人中女性也只占12%[四]）。

[一] Price, M. (2013). Imposters downshift career goals. *Science* http://www.sciencemag.org/careers/2013/09/impostors-downshift-career-goals

[二] Pratini, N. (2018). the truth about imposter syndrome amongst tech workers. *Hired* https://hired.com/blog/candidates/truth-imposter-syndrome-tech-workers/

[三] Anderson, L. V. (2016). Feeling Like An Impostor Is Not A Syndrome. http://www.slate.com/articles/business/the_ladder/2016/04/is_impostor_syndrome_real_and_does_it_affect_women_more_than_men.html

[四] Vale, J. (2017) Gender pay gap. *The Independent* https://www.independent.co.uk/news/business/news/women-jobs-careers-12-per-cent-jobs-paying-150000-per-year-income-gender-pay-gap-equality-a7537306.html

那些在企业界、商界和男性主导领域（例如科学技术）里特别成功的女性和承担传统意义上男性相关职责如领导角色的女性，被认为患上冒名顶替综合征的风险更高。脸书网首席运营官谢丽尔·桑德伯格在她关于职场女性的畅销书《向前一步》中如是说，“尽管已经是成功人士……但女性似乎无法改变这种观念，即他们迟早会拆穿她们的真实面目是……技能或能力都非常有限的冒名顶替者，这只是个时间问题”。[⊖]这会带来如下认知和心理：

- 我不属于这里，或者我不适合这里
- 我和这里其他每个人都不一样
- 我和其他女人不一样
- 我在这里的唯一原因，也许是他们需要“包括”一个女性
- 我不知道自己在这里做什么——我技能不够，也不够格（我祈祷上帝别让别人发现这一点）

如下三个案例列举了患上冒名顶替综合征风险最大的三类职场女性。

企业家

根据2017年《企业家》电子杂志上的一篇文章，“企业家的世界充斥着冒名顶替综合征的故事。它是无形的，高度紧张

⊖ Sandberg, S. (2012). *Lean In: Women, Work, and the Will to Lead* WH Allen

的，也可能是孤立的。这正是自我怀疑和不安全感肆虐横行的环境”。[㊀]对女性来说，更加如此；2009 年全球创业监测机构对英国 30 000 名成年人的调查发现，女性对失败的恐惧明显上升。[㊁]29 岁的蕾妮证明了这一点，她销售自制果酱和酸辣酱，生意很成功。尽管女性从商且成功的事例不再罕见，但蕾妮觉得整个社会都视她为不同寻常的一名女性，尤其还是年轻女性。她觉得，自己的事业被很多人视为一种爱好，很难说服一些人来认真看待。在我们的社会中，成功女性仍然是不同寻常的，正因为被特别对待，她们开始怀疑自己，正如蕾妮所做的那样。尽管各大商店都开始囤积她的产品，她还是担心自己的成功是因为运气好，一旦新奇感消失，人们意识到她做的东西没什么特别之处，这种情况可能就会停止。

技术工作者

娜奥米在一个以男性为主导的行业里从事电脑游戏的开发工作。她大学学的是游戏设计和开发，修习该课程的 50 人中

㊀ Harbach, J. (2017). Eliminate the fear of imposter syndrome. *Entrepreneur* https://www.entrepreneur.com/article/303423

㊁ Tyler, R. (2010). Do women fear rejection more than men? *The Telegraph* https://www.telegraph.co.uk/finance/businessclub/8010710/Do-women-fear-rejection-more-than-men.

仅有两名女性，她是其中之一。从那时起，她就一直在游戏行业工作，现在是一家游戏开发公司的高级经理，但她患有冒名顶替综合征，总觉得自己不如男同事，总是疑心公司雇她这个女性是用来装点门面的。她的朋友似乎也认同这种观点，认为她是公司唯一的女性，有不被解雇的受保护权——但男同事可能就没有这个特权。这进一步证实了她的观点，她之所以能在这家公司并非出于她的个人价值。这一观点似乎也是社会的观点——女性不能从事编程和游戏开发工作。她觉得自己必须比男同事更努力，以此来证明她可以做编程工作，因此，她每天工作很长时间，且从来没有对项目感到满意过。男同事只要认为项目已经“足够好”了，就会让项目通过；娜奥米则担心如果自己提交的工作不是完美无缺的，她就会对自己的性别失望。

管理者

领导与管理学院（Institute of Leadership and Management）调查发现，近半数的女性管理者会对自己的工作表现产生自我质疑，这一比例在男性管理者中只占1/3。[⊖]38岁的凯尔就是这

⊖ Hobbs, R.（2018）. Supporting women past imposter syndrome and intoleadership. *HRZone* https：//www. hrzone. com/engage/

样一位管理者，她在一家中小型企业工作，她觉得自己没有见过真正的女性领导角色楷模，因此将领导视为一个男性事业。因为她显然没有男子气概，也很难看出自己到底哪里适合当领导，于是怀疑自己的决策是否正确——她也无法将自己的领导风格与同级其他人进行对比，因为他们都是男性。她说：“我不知道是应该模仿他们的领导风格，还是创造我自己的风格。我认为自己的风格太女性化，不够好，但是如果试着去模仿那些男人，也不太好，因为我不够男性化。”

为什么女性冒名者更多

一系列理论表明真正体验过冒名顶替综合征的女性比男性多。让我们来看看其中的一些例子。

“成功”是一个男性术语

根据《今日心理学》2009 年的一篇文章，“成功”在美国等发达工业经济体中被定义为纯粹的男性术语而非女性术语。[⊖]这

⊖ Kanazowa, S. (2014). Why do so many women experience the Impostersyndrome? *Psychology Today* https://www.psychologytoday.com/us/blog/the-scientific-fundamentalist/200912/why-do-so-many-women-experience-the-imposter-syndrome

些经济体中的成功与获得地位、权力和资源直接相关，特别是在金钱方面。从进化论的角度来看，这些成功的衡量标准通常意义上更与获得机会的男性联系在一起，而女性往往缺乏这种机会。当然，在今天，女性确实也有机会，但是成功仍然是用那些最初的“男性”术语来衡量的。

我们为什么不能用其他方式来衡量成功呢？比如将其定义为养育好孩子的母亲，为他人服务的朋友，用善良影响了很多人的志愿者，或是为大众利益而不懈努力的人？这些角色更多都具有传统意义上的女性品质，但我们并不倾向用这些标准来衡量成功。

因此，当女性被贴上了“成功”标签时，她们内心会有些不舒服，也许会感到作为女性，这多少是不合适的或自己的水平不够。

女性天生害怕被拒绝

按照这一进化理论，女性天生比男性更害怕被拒绝，因此对被批评的信号更敏感。这是因为“女性异族通婚”（female exogamy）传统——女性进入青春期后，被亲人送出家门，和与自己没有血缘关系的人生活在一起，并在那里结婚建立新家庭的历史习俗。与男性通婚不同，女性异族通婚的人类历史意味着，成年女性往往要和一群没有基因关系的陌生人生活在一起，而成年男性则一直生活在有遗传基因的亲人中。这在某种程度上解释了男性和女性在面对拒绝和不赞成时出现不同反应。[1]

---

[1] *ibid*

男性面对不赞成时，他们其实根本不用担心；他们普遍有安全感，知道自己的亲人尽管强烈不赞成，也永远不会拒绝。但另一方面，女性没有和血亲生活在一起，缺乏安全感，因此她们对不赞成和被批评更加敏感。

这一进化结果让女性对不赞成和被批评更加敏感，对所接收到的信号更加警觉，她们可能会去验证他人的反应。这些都是冒名顶替综合征发展的条件。

社会降低对女性期望

按照最早提出冒名顶替综合征术语的心理学家的研究，由于社会期望原因，女性的成功预期低于男性。这导致了一种"自我定型观念"的内化，即她们缺乏能力——所以，一旦她们面对自己不仅有能力而且还很成功的证据时，她们就会将成功归因于外部因素和偶然因素。[⊖]

这种低期望导致了所谓的"自信差距"，这意味着，女性尽管取得了成功，掌握了技能，但她们比男性更容易自我怀疑，也更容易丧失自信。换句话说，她们更容易体验冒名顶替综合征。加州斯坦福大学性别研究克莱曼研究所的雪莱·J. 克雷尔（Shelley J. Correll）教授对这一现象进行了解释说明，她发现，男性可以把相对低水平的成绩（例如，微积分课程成绩为C）认

⊖ Clance, P. & Imes, S. (Fall 1978). The imposter phenomenon in high achieving women: dynamics and therapeutic intervention (PDF). *Psychotherapy: Theory, Research & Practice*. *15* (*3*): 241-247

为是成功，因为毕竟是通过了，而女性大多将其看作是失败，由此认定自己不擅长微积分，更有可能退出这门课程。[1]

这种信心差距导致女性要求加薪的可能性更低（这或许解释了为什么 2015 年全球性别差距报告中显示，如果美国男性薪酬为 1 美元，同等条件的职场女性则仅能得到约 67 美分[2]），寻求或接受升职的可能性也更低。

这种社会化观念很早就开始了。瓦莱丽·杨在她的书《成功女士的秘密思想》中写道，“男孩们往往被培养得虚张声势、夸大其词，而女孩们则很早就学会了否定自己的观点、扼杀自己发声”[3]。女孩们知道，无论是生理还是智力等各种特征，人们对她们的评判标准都比男孩更严苛。这使她们努力追求完美，避免收到让她们害怕的负面评判，正如我们在前几章所提到的，完美主义是冒名顶替体验的理想滋生地。

即使那些童年时期未受到伤害、自信完好无损的女孩，也很可能因为角色失调而在成人职场中面临一连串的批评。正如杨在书中提出的，“身为女性，本身就意味着你和你的工作自然而然地有更大的概率比男性更容易被忽视、被贬低、被轻视或不被重

---

[1] Tyler, R. (2010). Do women fear rejection more than men? *The Telegraph* https://www.telegraph.co.uk/finance/businessclub/8010710/Do-women-fear-rejection-more-than-men.

[2] Jepson, S. (2018). Are we women the imposters many of us think we are? *Entrepreneur* https://www.entrepreneur.com/article/309446

[3] Goudreau, J. (2011). Women who feel like frauds *Forbes Magazine* https://www.forbes.com/sites/jennagoudreau/2011/10/19/women-feel-like-frauds-failures-tina-fey-sheryl-sandberg/#3dbe59d330fb

视”。这使得女性与相同条件的男性相比，更易于产生自我批评和自我意识。有什么比女性质疑自己的技能和品质更奇怪的事情吗？毕竟，别人都是这么做的。

信心差距

尽管女性的职业机会得到了很大的改进，但在薪酬和地位方面仍然落后于男性。男性和女性的职业发展路径呈现出完全不同的轨迹。很长时间里，这种未能打破职业玻璃天花板的现象被认为是由于女性生育和儿童保育问题，以及文化和体制方面的原因阻碍了女性成功。然而，研究这方面的专家瞄准了一种阻碍职场女性的更微妙的力量：即缺乏信心，而非缺乏能力。女性进一步被证实，她们在测试面前的表现不如同等条件的男性，不适合升职，也不适合加薪。在与男性对比时，她们普遍会低估自己的能力。

大量的证据支持上述这些论断。在对商学院学生的一项调查中发现，男生的谈判起薪是女生的四倍，女生在谈判时要求的薪酬比男生低30%。[1]而且，在曼彻斯特大学教授我硕士课程的林恩·戴维森（Lynne Davidson）导师指出，她经常会询

[1] Kay，K. & Shipman，C.（2014）. The confidence gap. *The Atlantic* https：//www. theatlantic. com/magazine/archive/2014/05/the-confidence-gap/359815/

问学生关于预期收入的问题——女生的预期收入总是比男生要低20%。[1]

这种自我怀疑和缺乏自信贯穿于生活的各个领域。科技企业家克拉拉·施（Clara Shih）就是一个很好的例子，她于2009年成功创建了社交媒体公司Hearsay Social，并于两年后加入星巴克董事会，时年29岁。她是硅谷为数不多的女性CEO之一。但有一次她对2009年出版的《女性学》（*Womenomics*）一书的作者们说，她“觉得自己像个欺骗者”，甚至在大学里，她也相信其他人（指男性）取得成绩比她要容易得多。[2]

有趣的是，在西方社会，这种信心差距更大，但一般人们认为那里应该有更多男女平等的机会。这似乎与我们的预期相反，但有人认为，这是因为在世界其他地方，女性倾向于将自己与其他女性做比较，而在西方工业化国家，女性往往将自己与男性做比较，并且比较时，女性总是低人一头，因为男性的地位和薪水仍然高于女性。[3]似乎在男女更为平等的社会，实际上还是会通过限制女性的自信来阻碍她们在职场上的进步。

[1] *ibid*

[2] *ibid*

[3] Warrell, M.（2016）. For women to rise we must close the confidence gap. *Forbes* https://www. forbes. com/sites/margiewarrell/2016/01/20/gender-confidence-gap/#c43200e1efa4

成功被认为对女性来说是缺乏吸引力的

脸书网的首席运营官桑德伯格曾经引述过2003年的一项实验，该实验对象是一群商科学生，他们听说了一个成功企业家的故事。一半学生被告知这位企业家叫海蒂，另一半则被告知名叫霍华德。学生们认为霍华德讨人喜欢、有才华且值得尊敬，而海蒂被视为自私的人，学生们不想与其共事或成为她的员工。所有的背景情况都一模一样——唯一的区别是性别不同。这让桑德伯格感叹，“男性越成功，他就越受到男性和女性的喜欢，而女性越成功，她就越不受男性和女性欢迎”。[一]

与此相似的是，许多研究表明，尽管在过去半个世纪中，女性管理者的接受度有所提高，但对女性领导的消极态度仍然存在。当然，也有一些研究表明，女性领导比男性领导获得的评价更低，受欢迎程度较低，并会因采用男性领导的方式而受到惩罚。2011年，《人际关系》（*Human Relations*）杂志调查了60 000名全职员工对男性和女性老板的态度。几乎一半的受访者表示自己有性别偏向，72%的受访者表示希望找一位男性领导。[二]

为什么会这样？我们认为这是角色不协调的原因造成的。在

[一] Barkhorn, E. (2013). Are successful women really less likeable than successfulmen? *The Atlantic* https://www.theatlantic.com/sexes/archive/2013/03/are-successful-women-really-less-likable-than-successful-men/273926/

[二] Elsesser, K. M. & Lever, J. (2011). Does gender bias against female leaders persist? Quantitative and qualitative data from a large - scale survey *Human Relations 64* (*12*) 1555-1578

传统社会中，女性角色是刻板的，往往是以“养育、关怀和敏感”为主导品质的群体性或社区基础角色。[1]男性传统角色则更为活跃，甚至更具攻击性、更自信、更主动、更雄心勃勃和更直截了当。问题在于，当个人的行为方式被认为与他们所分配的性别角色不一致时，他们会被认为更消极。一项研究发现，当男性比他们的同龄伙伴说得多时，他们会被认为比那些不善言辞的人的能力高出 10%。然而，当女性比同龄伙伴说得多时，她们的能力则会被认为要降低 14%。[2]

也许是对负面评价的恐惧，导致成功女性会贬低自己的努力。也许如果她们将成功归因于自身技能和能力之外的因素，就不会收到那么多的负面评价。这是典型的冒名顶替者行为，因为它很容易让女性自身能力和专长产生不信任感。

自证预言

那些缺乏安全感、对自身能力缺乏信任和害怕被人拆穿的女性很容易通过自身行为将这种信念变成自证预言。因为她们对自己的能力和技能缺乏信心和信念，她们不太说话，总是低着头，害怕做决定，也不太可能雄心勃勃。这意味着，她们很快就会落后于男同事，这样可能会减轻内心的不和谐感——“看，我知道

[1] *ibid*

[2] The confidence gap：why do so many of us feel like imposters at work? *Prowess* 2016 http：//www. prowess. org. uk/the-confidence-gap-do-women-in-the-workplace-feel-like-imposters

我不是那么好！”——但会导致信心进一步丧失，并形成恶性循环。《女性学》一书的作者们声称，成功“与信心密切相关，正如成功与能力密切相关一样”。[一]

2016 年《财富》500 强排行榜显示，仅有 21 家公司高层中有女性管理者，也就是说，在美国最大的 500 家企业中，女性占 CEO级别职位的只有可怜的 4.2%。[二]也许自证预言就是原因之一。

案例研究：学术界中的女性

杰西卡·L. 卡勒特和她的同事杰德·阿维利斯（Jade Avelis）对印第安纳州诺丁汉大学 461 名博士生进行了调查，在这个大学里，大约一半学生是女性，主要专业是科学。[三]这项研究的目的是想巧妙地了解调查对象是否有冒名顶替者体验，尤其是那些被他们称为“降档者”的人群，即选择角色转换，从研究密集型的终身教职职位转向非终身教职职位的人员。11%

[一] Kay, K. & Shipman, C. (2014). The confidence gap. *The Atlantic* https://www.theatlantic.com/magazine/archive/2014/05/the-confidence-gap/359815/

[二] Tejada, C. (2017). Women have less confidence than men when applying for jobs. *Huffington* Post https://www.huffingtonpost.ca/2017/02/10/women-confidence-jobs_n_14675400.html

[三] Price, M. (2013). Imposters downshift career goals. *Science* http://www.sciencemag.org/careers/2013/09/impostors-downshift-career-goals

的女性成为“降档者”，男性则只有6%。

奇怪的是，受访女性中关于降档的主要原因与家庭因素无关，而与冒名顶替综合征有关。这是唯一一个可以解释降档原因、在统计上显著的性别影响因素。该调查也采用了定性研究方式，所以收集了大量有趣的评论，如，“我最关心的是能否胜任自己所选择的职业”。

另一个让人出乎意料的发现是，一些女性感到被成功的女性榜样吓住了。她们不仅没有因其伟大而受到鼓舞，反而被其成就吓坏了，认为自己永远不可能像她们一样优秀：这是冒名顶替综合征的另一个特点。该项研究带来了这样一种可能性，即成功的女性可能实际上会阻止那些已经觉得自己是冒名顶替者的女性变得雄心勃勃。

远程工作和女性

越来越多的人在从事远程工作：截至2014年，13.9%的英国劳动力将在家办公作为工作方式之一。[1]美国数据则显示，截至2016年，43%的在职美国人至少会远程工作一段时间，这一比例比2014年高出4个百分点。[2]在家工作或远程工作，对女性

[1] Chignell, B. (2018). 10 essential remote working statistics *CIPHR* https://www.ciphr.com/advice/10-remote-working-stats-everybusiness-leader-know/

[2] Chokshi, N. (2018). Out of the office. *The New York Times* https://www.nytimes.com/2017/02/15/us/remote-workers-work-from-home.html

尤其对母亲来说可能更具吸引力，因为工作方式更灵活，更容易将育儿与工作结合起来。研究表明，远程公司中女性承担领导角色的比例，似乎高于传统的坐班公司。[⊖]这被认为远程工作本质上更支持妇女在劳动力中的进步，因为它更灵活地为每个人服务。另外，女性常常比男性更容易从灵活的工作模式中获益，因为她们仍然要比男性承担起更多照顾孩子的重任。

然而，与在办公场所工作相比，远程工作者患冒名顶替综合征的风险更大，所以这反过来说明了女性也不成比例地受到了影响。那么，为什么远程工作者更容易受到冒名顶替综合征的威胁呢？正如书中前面所提，其中一个原因是积极反馈和肯定的可能性更为有限。此外，远程工作通常会导致情感的带宽狭窄，因为我们进行的不是面对面沟通。

例如，大多数工作场合的沟通是通过电子邮件进行（当然，对于非远程工作人员也是如此，但对远程工作人员来说，这是唯一的沟通方式）。人们期望工作邮件简短、商务性强、直中要害。这样远程工作者很难像非远程工作者那样进行类似茶水间的友好交谈。这会增加远程工作者的孤立性，缺乏与同事或客户间的情感联系，也会让远程工作者怀疑自己的工作是否干得不错——因为他们看不到温暖的微笑，也看不到办公室里欣赏感激的眼神。

我们已经看到有许多可能的原因会让女性体验冒名顶替综合

⊖ Remote companies have more women leaders. *Remote. co* https：//remote. co/remote-companies-have-more-women-leaders-these-are-hiring/

征，现在来看看如果你不得不面对它，该如何管理这种情况。

技巧和策略

女性应该如何管理职场上的冒名顶替者体验呢？请查看如下提示和策略，并将其应用到你的工作生活中。第一个提示是针对女性的，接下来的策略对所有在职场中体验过冒名顶替综合征的人群都有帮助。同时，一定要看看其他章节末尾建议的技巧。

- 请思考、识别并确认你是否属于女性风险群体。特别是如果你是一个企业家，在一个以男性为主导的行业里工作，正在从事远程工作，或者是一名管理者。如果你属于这些类别中的任何一种，并且碰巧有第一章和第二章中概述的任何一种普遍的风险因素，那你应该意识到，你遭受冒名顶替综合征的可能性在增加。那么，请认识到这一点；这很常见，不是你的错！
- 请想想你是如何看待拒绝和被批评的。特别是被批评，它是成长的一个重要组成部分，但女性可能生来会比男性更敏感。记录下你收到的所有批评，试着客观地看待它，看看它是否有道理。如果是，请试着冷静下来，从中吸取教训（如果不是，那就为自己辩护吧！）。
- 考虑一下你是否正在经历“信心差距”。一个很好的测试是，让你的男同事和女同事匿名（保留性别信息）给自己的各种特点打分。如果你发现，你（和女同事）的打分偏低，那么就可能存在信心差距；认识到这一点是战胜它的第一步。

- 为了避免出现自信和能力方面的自证预言现象，假装自己有自信。即使你现在感觉不到自信，也要学会表现得信心满满。

练习一：事实

如果你在工作中正在遭受自我怀疑和冒名顶替综合征的折磨，可以试试如下策略。

（Ⅰ）承认事实

不管你对成功的态度如何，某些事实都是无可争议的。比如，你考试成绩很好，获得了一份工作，这些就是事实。其他任何事都只是你对事实的看法。回顾你迄今为止的生活，在“事实”标题下列出你的成功事例，比如取得了好的考试成绩，或得到晋升等。

事实
我的英语考试得了 A
我获得了晋升
我的演讲得到了表扬

记录下这些毋庸置疑的成功事实，可以启发并帮助你意识到，不管你在想什么，成功的事实明明白白地就在这里。一两次成功也许可以归结为运气或外部因素，但如果你积累起了一个长

长的清单，你就很难忽视眼前的证据——也许，只是也许，你其实很擅长自己的工作。

（Ⅱ）承认并挑战你的想法

查看你的事实清单，记下所有冒名顶替相关的想法——你对能产生欺骗感事实的一些信念和想法，并在相邻栏目里写下来。

事实	我对该事实的冒名顶替者想法
我的英语考试得了 A	我就是比较幸运，正确答案涌上心头
我获得了晋升	我不能胜任这个工作，任命我就是一个错误
我的演讲得到了表扬	我做得不够完美

记住，这些只是你的想法。它们可能是真的，也可能并不真实——唯一没有争议的是确凿的事实。现在，考虑一下是哪些技能、哪些能力或哪些聪明才智带来了这些成功，并将其写在第三栏中。

事实	我对该事实的冒名顶替者想法	产生该事实所需的技能、能力或聪明才智
我的英语考试得了 A	我就是比较幸运，正确答案涌上心头	我擅长英语
我获得了晋升	我不能胜任这个工作，任命我就是一个错误	我在工作领域得心应手，也是一个好管理者
我的演讲得到了表扬	我做得不够完美	这次演讲非常有说服力，PPT 文件有条理，表达展现也充满激情

现在你有两种解释来解释你的成功（这是无可争议的）。给你认为每种解释的正确性打分，看看每种解释的可能性有多大。

事实	我对该事实的冒名顶替者想法	产生该事实所需的技能、能力或聪明才智
我的英语考试得了A	我就是比较幸运，正确答案涌上心头 **60%**	我擅长英语 **70%**
我获得了晋升	我不能胜任这个工作，任命我就是一个错误 **30%**	我在工作领域得心应手，也是一个好管理者 **60%**
我的演讲得到了表扬	我做得不够完美 **80%**	这次演讲非常有说服力，PPT文件有条理，表达展现也充满激情 **90%**

这里要告诉你的是，冒名顶替者解释可能是真的，但另一种解释也可能是真的！有时候，另一种解释真实的可能性更大。这一练习有助于你挑战自己的偏见思维模式。

练习二：识别你的长处

冒名顶替综合征患者都倾向于关注弱点，而忽略自身长处。在战胜冒名顶替综合征的过程中，学会承认自己擅长什么是必不可少的一部分。基于这个原因，“肯定清单”是非常有用的。按照如下建议，制作你自己的肯定清单。

请写下：

- 你的十个长处——例如，坚持、勇气、友好、创造力
- 你钦佩自己的至少五件事情——例如，你养育孩子的方式，你和哥哥的良好关系，你的灵性

- 迄今为止你生活中最伟大的五项成就——例如，从重病中康复，高中毕业，学会用电脑
- 至少 20 项成绩——既可以是学会使用手机上一个新应用程序这种简单的事情，也可以是获得高等大学学位这样富有挑战性的事情
- 十件你可以帮助他人的事情

把这些清单放在显眼且日常易于接近的地方；下次当你感觉到冒名顶替综合征症状潜入头脑时，把清单拿出来，提醒自己，你真的和别人想象得一样好！

第四章　男性冒名者：隐秘的羞耻感

尽管如前一章所述，冒名顶替综合征传统上被视为一种女性现象，但其实并没有过硬的数据证实女性真的比男性经历着更多的冒名顶替综合征。该综合征被作为女性现象的原因很简单，这一现象最初是通过对女性的研究发现的，似乎就变成了一种思维定势。因此，那些经历过冒名顶替综合征的男性就会因为遭受了如此明显的女性病症折磨，而额外产生“被阉割”的心理负担。

然而，男性确实受到了冒名顶替综合征的影响。许多研究已经发现，男女大学生、教授和专业人士自述的冒名顶替者感觉，并无性别差异。[㊀]哈佛大学心理学家艾米·库迪（Amy Cuddy）2012 年发表了一篇关于自信的身体语言的 TED 演讲，她震惊地收到了成千上万封电子邮件，发信者说感觉自己像个骗子——其中大约一半来自男性。[㊁]

冒名顶替综合征专家瓦莱丽·杨在她的网站 impostersyndome. com 上声称，参加她举办的冒名顶替综合征研讨的人员中，有一半人是男性。事实上，1993 年，定义冒名顶替综合征条件

㊀ Anderson, L. V. (2016). Feeling Like An Impostor Is Not A Syndrome http://www.slate.com/articles/business/the_ladder/2016/04/is_impostor_syndrome_real_and_does_it_affect_women_more_than_men.html

㊁ Lebowitz, S. (2016). Men are suffering from a psychological phenomenon, but they're too ashamed to talk about it. *Business Insider* http://uk.businessinsider.com/men-suffer-from-impostor-syndrome-2016-1

的原著作者保琳·克朗斯承认，她最初把冒名顶替综合征作为一个独特的女性问题的理论是不正确的，因为“在这些人群中男性和女性一样，对成功的期望较低，并将其归因于与能力无关的因素”。[⊖]

美国 Arch Profile 心理分析公司的专门研究人员对经历过冒名顶替综合征的人员样本进行研究，得出如下结果：

- 32%的女性和33%的男性认为他们配不上自己取得的成功
- 36%的女性和34%的男性将完美主义极端化，给自己设定了不切实际的目标期望
- 44%的女性和38%的男性认为自己大部分的成就是虚假的
- 47%的女性和48%的男性不认为自己获得的收入和奖励是努力工作的回报

由此看来，男性和女性对冒名顶替综合征的体验似乎没什么区别。而且，2016年《泰晤士高等教育增刊》中的一项研究甚至声称，男性比女性更容易遭受冒名顶替综合征。休斯敦大学人力资源开发副教授霍利·哈金斯（Holly Hutchins）研究了美国16位学者的诱发性冒名顶替综合征事件；我们已经研究过学术界人士易患上冒名顶替综合征倾向，但这项研究表明，最常见的

⊖ Anderson, L. V. (2016). Feeling Like An Impostor Is Not A Syndrome. http://www.slate.com/articles/business/the_ladder/2016/04/is_impostor_syndrome_real_and_does_it_affect_women_more_than_men.html

冒名顶替综合征触发因素是同事或学生对其专业能力的质疑。与同事进行消极比较，甚至取得成功，都会引发学术人员的不满足感。但真正有趣的是，男性和女性在处理冒名顶替综合征这个问题上有差异。女性有更好的应对策略，她们会利用社会支持，进行自我暗示，而男性冒名顶替者更有可能求助于酒精和其他逃避性策略来应对虚伪感。[㊀]

面对这种压倒性证据，为什么还有人认为男性不像女性那样容易受影响呢？本章将探讨这一点，并寻求男性确实深受冒名顶替综合征折磨的原因。我们将分析一些常见的和更为极端的冒名顶替综合征案例，然后在本章结尾处介绍一些对男性患者特别有帮助的应对技巧和策略。

男性冒名者的“人设”形象

尽管遭遇冒名顶替综合征的男性和女性在数量上并没有显著差别，但很少有男性会公开承认自己有冒名顶替综合征。男性可能比女性更不愿意谈论冒名顶替的感觉，因为若他们不遵守社会认为男性应该坚定自信的人设，会受到人设印象的反弹或者社会惩罚，这种惩罚可能采取侮辱甚至社会排斥的形式。这可能会让男性不愿承认自我怀疑——这不仅仅是男性特质问题，而是这么

㊀ Genders deal with academic delusions differently. *Times Higher* https：//www. timeshighereducation. com/news/genders-deal-academic-delusions-differently

做会损害他们的阳刚感。

正如《商业内幕》杂志的一位作者所说，男性确实会遭受冒名顶替综合征的影响，只是他们都羞于承认。[一]因此，冒名顶替综合征作为女性问题得以延续——女性似乎并不害怕承认自己会自我怀疑，而男性则做不到。

正如社会对女性有行为期望一样（参见第三章），男性同样面临行为期望——只是内容有所不同。人们期望男性能“夸耀”自己的成就，极度自信，甚至傲慢自大。他们必须坚强，不能因为自我怀疑而情绪低落。[二]这会让他们更加沉默，不愿谈论觉得自己像个假冒者的感受。

这种“夸耀”也许还可以定义为极度自信。男人可以体验（或被期望体验）至高无上的极度自信，可以说，这是被誉为阳刚的特征之一。这实际上能给男人带来真正的优势，因为自信会滋生自信——我们更容易信任和相信那些自信和自我肯定的人，这意味着他们更有可能成功。显然，一个销售人员如果表现出对自己产品的不自信，他成功的概率就很低。由此很容易可以看出，过度自信能给人带来优势。

同样，我们很容易看到，一个缺乏自信或是因怀疑自己能力

[一] Lebowitz, S. (2016). Men are suffering from a psychological phenomenon, but they're too ashamed to talk about it. *Business Insider* http://uk.businessinsider.com/men-suffer-from-impostor-syndrome-2016-1

[二] The confidence gap: why do so many of us feel like imposters at work? *Prowess* 2016 http://www.prowess.org.uk/the-confidence-gap-do-women-in-the-work-place-feel-like-imposters

而受到困扰的人，不仅会失去这种天生优势，而且会因为人设形象和社会规范而与之背道而驰；男人在社会上往往因其男性品质而受到赞扬和认可，因此一旦失去男性特质，他们将受到负面评价。

自我怀疑的男性如果承认自己的感受，不仅要面临社会抵制，而且还会面临自我强加的抵制。女性冒名顶替者只需要应对觉得自己是个骗子的感觉；而男性冒名顶替者除了要应对这种欺骗感觉，同时还要应对由欺骗感觉带来的男性自我身份的影响问题。那么，男性不太可能屈服于自己是骗子的感觉，于是更可能采取否认或转向逃避策略，这有什么奇怪的吗？

案例分析

35岁的托尼是一家大型国际公关公司的公共关系主管。他身穿利落的西装，领着丰厚的薪水，每个细节都透露着成功人士的影子。他在工作上游刃有余，也视为理所当然。

然而，最近他开始产生了自我怀疑。他上一次为一家在线保险公司做的竞选失败了。他在竞选活动中发挥了领导作用，并提出了一些大构想，其中包括为客户花费大量资金。他就是那个说服客户承担风险并增加预算的人，他坚信这场竞选将出现在许多专栏里引起公众注意。但他失败了，此事只在当地的免费报纸上出现了寥寥几行字。托尼第一次在职业生涯里感到难堪，他开始真正怀疑自己，并对自己的能力产生了严重的自我怀疑。

有一天在办公室，他听到一些女同事在讨论自我怀疑的话题。他经常听到女性谈论这种事，但男士们从不参与。尽管如此，他还是很高兴终于能和她们分享自己的感受了——他告诉她们自己的不安全感，等待着这些女人像往常彼此安慰一样来安慰自己。但他很失望，女同事们只是转过身来盯着他，并忽略了他的焦虑。她们并不相信这是真的，而是用嘲弄和戏谑来取笑它——“是啊，好像你是不自信先生一样，来吧，别变成我们这些女孩中的一员。”

托尼不知道自己身上发生了什么：很明显，人们都希望他是男性自信的缩影，但这离事实再远不过了。是什么让他变成了这样？不仅是一个糟糕的公关经理（还得假扮成人人认为的那种强人），甚至可能因为他受到女性问题困扰而不像一个真正的男人。

男性固有形象

什么是导致冒名顶替综合征的男性固有形象？事实上，研究人员认为有三类，包括成功的商人、运动员和居家男人类型。让我们逐一来看看。

成功的商人

在人们的固有观念里，男性必须事业成功。成功通常以财务状况来衡量，地位也被认为很重要。地位对男人总是比对女人更重要，一篇名为《男子气概的艺术》的文章声称，“生物学家长期观察到，不同种族的男性都对‘社会地位失利’更为敏感，并且比女性有更强的动力去获得社会地位”。[一]2016 年，研究亚马孙河社会男性地位的研究人员指出，“试图获得或维持社会地位的尝试……在男性中尤为明显”。[二]

《男子气概的艺术》一文接着说，“男性对地位的追求几乎贯穿了男性气概的方方面面”。这种地位追求现象是我们过去进化史上的一个重要组成部分，为了获得“真正的男人”的地位，男性必须向部族证明自己，通常要经历艰苦的磨难。

所以，要成为一个真正的男人，重要的是要有良好的收入能力，要有与之相匹配的身份象征（头衔、汽车等），甚至要有一身利落的西装。有些男性认为，这些成功的标志可以掩盖这样一个事实——他们是虚伪的，配不上成功。如同女性冒名顶替者，他们认为自己并不擅长所从事的工作，他们是靠运气或欺骗才取

[一] （2018）Men and status：an introduction. *Art of Manliness* https：//www. artofmanliness. com/articles/men-and-status-an-introduction/

[二] von Rueden，C. ，Gurven，M. ，Kaplan，H. （2008）. The multiple dimensions of male social status in an Amazonian society. *Evol Hum Behav.* ；*29*（*6*）：402-415

得了成功。他们害怕被发现而失去地位、金钱和华服。而且，由于这种成功标志与其男性身份紧密联系在一起，他们对该损失的恐惧非常强烈——也许比那些女性更为强烈，毕竟女性身份与其吸引高薪和豪车的能力之间的关系不那么紧密。

运动员

如果男人感觉自己像“真正的男人”，那么他们应该是高大、强壮和有能力的。媒体上塑造的男性榜样通常是强壮的运动员和超级英雄——什么类型的人会经常出现在体育杂志的封面上，或者被选为针对男性的广告明星？通常是身材健壮的男性偶像，如足球运动员或极为健美的演员。而且，正如匹兹堡大学一篇关于男性刻板人设的博文所指出，“所有年龄和种族的男性都会受到描绘这些偶像的广告的影响。他们看到的广告越多，将阳刚变成现实的压力就越大”。[1]

要求男性塑造坚强、独立、坚忍、有竞争力、性格坚韧的形象，由此带来的压力如此有害，以至于这些特征被称为“有毒的男性气质”。有趣的是，正是这种运动型的人设形象导致衰老对男性产生了不成比例的负面影响，因为变老往往与男性的人设形象不相符。[2]

---

[1] Unexpected social pressures in males. University of Pittsburgh http：//www. wstudies. pitt. edu/blogs/msf31/unexpected-social-pressures-males

[2] Young, S. （2017）. Man up：are masculine stereotypes making men fear ageing? *The Independent* https：//www. independent. co. uk/life-style/men-male-ageing-masculine-stereotypes-fear-toxic-masculinity-a7602256. html

运动员的人设形象最初可能会驱使男人去健身房和跑步场，但当外在的身体与内在的“现实”不匹配时，不真实感就会潜入其中；许多强健的体育运动员可能会觉得，他们健美的肌肉掩盖了一个事实，那就是他们在内心深处实际上是敏感的、虚弱的和缺乏活力的。他们感觉越虚弱，就越可能努力用自己的身体塑造力量形象。但肌肉越发达，他们就越觉得自己是虚假的，于是恶性循环开始了。

那些觉得被迫成为“运动员”以满足社会需要“男子汉”的男性，会觉得自己是在装模作样地融入社会，与内心深处的感觉形成反差。他们的真实感受和他们所创造的外在印象之间的不匹配可能是导致他们患上冒名顶替综合征的根本原因。

居家男人

再强壮、肌肉再发达、养家糊口能力再强，以及由此带来地位和成功，有这些还是不够。如今的男人也被期望成为完美的丈夫/伴侣和父亲。我们将在第七章讨论父母型冒名顶替者，现在，让我们聚焦完美居家男人人设。

人们期望男人们做所有“爸爸该做的事”来符合这种人设——带孩子们去运动俱乐部，有时参加学校跑步，轮流做饭和监督孩子的就寝时间。尽管这些压力对所有父母来说都是一样的，但对一些男性来说，问题是他们与子女之间的情感关系并不总是那么深厚，这通常因为母亲平时是主要的照顾者，至少在孩子的成长初期是这样。这可能会让一些父亲感到自己是多余的，或他们并不是别人认为的那种真正的完美父亲。其他人可能会看到他们周末和孩子们在公园里踢球而认为他们是伟大的父亲，但这些居家型冒名顶替者知道，如果孩子受了伤，他们会跑到母亲身边哭泣寻求安慰。这一切会导致他们产生虚假的感觉，这正是冒名顶替综合征的典型特征。

案例分析

41 岁的布拉德似乎是个典型的成功男性。他在金融行业有一份高薪工作，支撑着非常舒适的生活方式；郊区有一所大房子，两辆豪华轿车（一年买一辆），三个孩子接受私立教育，一年两次国外度假等。他拥有所能想到的一切——美丽的妻子、和睦的家庭、社会地位——甚至劳力士手表。他的身材看起来也很不错，对自己和私教在健身房里锻炼多时形成的体格也很满意。

但是布拉德有麻烦了。他最近开始觉得自己的生活是虚假的，他是个骗子。真正的布拉德是个害羞、胆小的失败者，还因为戴眼镜在学校受到过欺负。布拉德之所以有欺骗感是因为他讨厌自己的工作。工作让他感到厌烦，他梦想着放弃一切，在海边开一家咖啡馆。但他觉得，讨厌工作是表明自己是冒名顶替者的迹象——毕竟，一个做着擅长工作的真正成功者是不会出现这种情况的。

当人们在工作中称赞他，或者朋友们羡慕他的生活方式时，他只是觉得麻木，因为对他来说这都是假的，他并不觉得自己真的成功，在他看来，成功等于幸福，而他并不快乐。他的梦想并不是一个“真正的男人”应该拥有的那种梦想，他认为自己有这种愿望是出了大问题。

冒名顶替综合征和男性心理健康

我所看到的冒名顶替综合征在男性身上展现出来的与女性最大的不同——也许是最令人惊讶的——是在心理健康领域。在我的私人心理健康诊所里，我见过很多男性患者，但他们的表现方式常常和那些有心理健康问题的女性的表现很不一样。根据我的经验，男性比女性更容易因为心理健康问题而自责。他们比女性更难接受这个想法。

传统上，这表现为不愿寻求帮助，到现在很大程度上仍然如此；英国心理健康基金会 2016 年进行的一项研究显示，男性寻求帮助的可能性仍然低于女性（28% 的男性表示，他们在心理健康问题上没有寻求帮助，而女性只有 19%）。[⊖]正如调查人员所说，很多男性害怕被人评头论足，或者被人告知要“振作起

⊖ Doward, J. (2016). Men much less likely to seek mental health help than women. *The Guardian* https://www.theguardian.com/society/2016/nov/05/men-less-likely-to-get-help--mental-health

来”，所以避免谈论自己内心的想法。[一]

不仅如此，同样的研究还发现，男性比女性更不愿意告诉别人他们正在与心理健康问题做斗争；与1/3的女性相比，只有1/4的男性会告诉别人，而这些人中的大多数会等两年后才鼓起勇气透露。

一个很好的例子是27岁的喜剧演员戴夫·查纳（Dave Chawner），他在厌食症和抑郁症中生活了十年才寻求帮助。他告诉《卫报》，虽然社会“允许”男人谈论压力和愤怒等情绪，但“其他任何事情都会被解释为脆弱”，所以他觉得男人会更压抑这些情绪。[二]

“像个男人样”——现代文化中最具破坏力的一句话？

《每日电讯报》2015年的一篇文章认为，告诉男人“振作起来”会产生非常有害的后果，因为这句话会“在概念上模糊我们对阳刚之气和男性气质的理解”。[三]告诉男性“表现得像个

[一] Gladwell, H. (2018). 20 men reveal the one thing they wished they knew about other men's mental health. *The Metro* https://metro.co.uk/2018/03/01/20-men-reveal-the-one-thing-they-wish-others-knew-about-mens-mental-health-7351683/

[二] Doward, J. (2016). Men much less likely to seek mental health help than women. *The Guardian* https://www.theguardian.com/society/2016/nov/05/men-less-likely-to-get-help--mental-health

[三] Wells, J. (2015). Is Man-Up the most destructive phrase in modern culture? *The Telegraph* https://www.telegraph.co.uk/men/thinking-man/11724215/Is-man-up-the-most-destructive-phrase-in-modern-culture.html

男人”会让男性对男人的定义产生误解，偏向典型的动作英雄类型。在这种文化中，男人必须表现得“像男人一样”，这就是为什么男孩很快就学会了“大男孩不哭”，情感必须被压制和压抑。年轻的男孩被教导，情感敏感是脆弱的，在成长过程中，他们的这种心理根深蒂固。

告诉男人“像个男人样”会让他们质疑自己的男性意识——让他们觉得自己是男性性别的冒名顶替者，这有什么奇怪的吗？

案例分析

亚历克斯来我诊所之前，两年来一直为自身健康感到焦虑。自从父亲去世起，他就开始焦虑。他一直担心自己的健康，花好几个小时上网，搜索症状，不顾一切地寻求安慰，实际上使他感到不安的东西并不危险。有时“谷歌医生”没有提供他所需的保证，他就与医生进行无休止的预约。他有时甚至确信自己心脏病发作而去急诊室。

通常，他会带着自己担心的健康问题来找我，寻求某种安慰（作为一个非医学医生，我没有资格给予医学建议）。有时他甚至会在咨询期间产生健康担忧，我发现他将注意力转移到胳膊或头上，他会开始用手去刺激和戳，直到最后他承认自己对皮肤瘙痒或斑点有些许焦虑。

然而，另一个问题加剧了他的健康焦虑：他对这种焦虑感到非常羞愧。他强烈地感觉到，真正的男人不会这样，不会为自己的健康而困扰。他确信自己不是一个真正的男人，他的焦虑是他缺乏男子气概的证明。这严重影响了他的自尊心，以至于他开始怀疑自己是否应该离开妻子和孩子，以便他们能找到一个“真正的”丈夫和父亲来照顾他们。

在心理健康问题上，人们通常持有两种不同的信念，但这两种信念之间存在着不协调。一方面，男人注定要坚强。他们反复被告知要“像个男人样”，这意味着他们必须要坚强，要控制自己和自己的情绪，最重要的是要坚强。人们不愿意男性去追求许多被认为是没有男子气概但积极或健康的特质。这包括感受一系列情绪的能力，如恐惧、伤害、困惑或绝望。[㊀]

那么，当他们意识到自己不属于这类人时——他们需要帮助，他们“软弱”，他们的情绪威胁要压倒他们，而他们无法应付，这将会发生什么呢？有些男人能够把第一个断言换成新的——即使他们感觉到情绪波动，男人仍然可以是男人。但是很多男人的人设形象太根深蒂固了，他们无法改变——相反，

㊀ Femiano, S. & Nickerson, M. (1989). How do media images of men affect our lives? *Center for Media Literacy* http://www.medialit.org/reading-room/how-do-media-images-men-affect-our-lives

他们不得不得出结论，他们不是一个"真正的男人"。而且，如果他们不是真正的男人，他们就一定是个骗子。

此外，试图避免冒名顶替综合征很可能使男性选择不去获取所需的心理健康帮助。如果他们不承认自己的困难，不寻求帮助，他们就不必觉得自己是冒名顶替者。不幸的是，这导致了众多男性采取回避策略而不是直面问题，研究证明了这一点，男性自杀的可能性是女性的三倍，而且酗酒和吸毒的比例要高得多。[㊀]这表明，诸如酗酒、吸毒甚至自杀等不恰当的应对策略正在取代寻求专业帮助的、更健康的策略。对男人来说，害怕成为冒名顶替者是潜在的致命威胁。

男性和心理健康

2015 年，修道院心理健康医院委托开展了针对 1 000 名男性的调查，以揭示男性对自身心理健康的态度。他们发现，77%的男性有焦虑、压力或抑郁。此外，40%的男性说，除非感到很糟糕，考虑要自残或自杀，否则不会寻求帮助。有 20%的人说他们不想寻求帮助，因为怕背上不好的名声，而 6%的人则表示他们不想显得"软弱"。

㊀ Men's mental health and attitudes towards seeking help. *National elf service* https：//www. nationalelfservice. net/ mental - health / mens - mental - health - and - attitudes - to - seeking-help-an-online-survey/

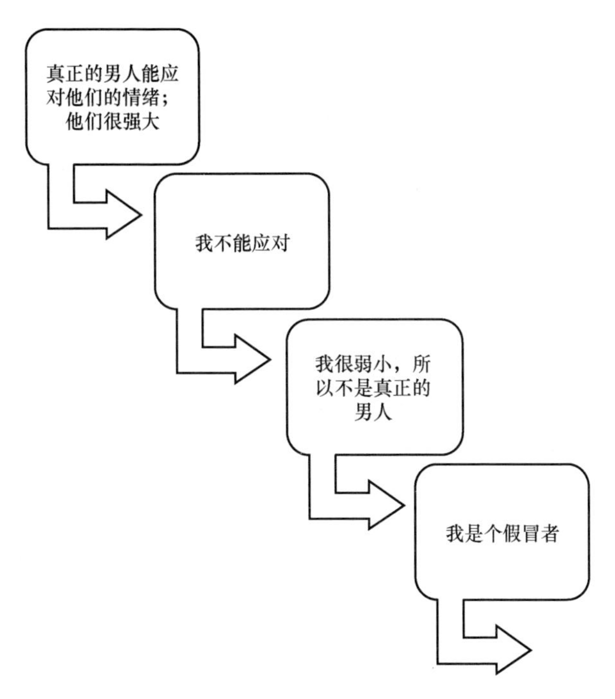

心理健康问题是如何引发男性冒名顶替综合征的

心理健康和军人

还有一个特殊的地方与男性冒名顶替综合征有关，就是军队，有军人患有创伤后应激障碍（PTSD）等心理健康问题。当然，女性现在服兵役，也会面临创伤后应激障碍的风险，但传统上，军队被视为男性和男子汉的事业。由于战争的本质是恐怖行为，创伤后应激障碍是最常见的心理健康问题之一，这是有据可查的。对军人来说，这也许就是一个很好的理由，认为创伤后应激障碍使他们不仅不是一个真正的男人（一个冒名顶替的男人），而且也不是一个真正的士兵（一个冒名顶替的士兵）。毕竟，军队有着将心理健康问题与弱者（主要是男性）联系在一起的悠久历史；炮弹休克症，第一次世界大战中用来描述创伤后应激障碍的原始术语，通常被认为是“情绪软弱”的表现，不能战斗的人被指控为逃兵或违抗命令：有些人甚至因这项“罪名”被行刑队执行死刑。

这种认为心理不健康就是软弱的表现的态度，可能在今天以心理抗压能力强大著称的部分军队中仍然有所反映。事实上，一项研究表明，军事领导人对接受过心理健康服务的军人的看法比他们的同龄人更为消极，而且，他们认为，军人理应更容易患上身体疾病，而不是心理疾病。[⊖]另一项研究发现，在伊拉克或阿富汗军事部署后，创伤后应激障碍患者不愿获得帮助；在报告患有创伤后应激障碍的参与者中，只有40%的人表示有兴趣获得帮助，而实际接受治疗的只有25%。[⊜]这种低接受率的主要原因据说是耻辱感，特别是因需要帮助而认为自身“软弱”。

所有这些都导致一名男性士兵在做决断或攻击方面明显缺乏阳刚之气，甚至比一名普通男子处于更糟糕的地位，由此发展出心理健康问题。他们不仅觉得自己“被阉割”了（像许多普通男子一样），而且觉得自己不是一个合适的士兵。这是冒名顶替综合征的双重打击。

⊖ Murphy, D. & Busuttil, W. (2015). PTSD, stigma and barriers to help-seeking within the UK Armed Forces. *J R Army Med Corps Dec*; *161* (*4*): 322-6

⊜ *ibid*

案例分析

迈克曾在伊拉克服役，目睹过一些恐怖场面。更糟糕的是，当他在排开一枚地雷时，他的指挥官被直接炸死，迈克也受了相当严重的伤，不得不长期请病假。然而，他最大的问题是创伤后应激障碍。当他看到、听到甚至闻到爆炸的味道时，他总是被回忆所困扰。他做了噩梦，会惊恐地醒来，尖叫着，汗流浃背。每一声巨响都使他高度警觉——他不敢靠近气球，以免气球爆炸让他发疯。他开始避开可能有气球的地方，比如餐馆和儿童聚会。他也避开人群，因为人的行为是如此不可预测，他希望自己现在的世界是安全和可预测的。

军队里有心理治疗，但迈克拒绝了所有建议。他向军方人员抗议说，他很好，只是身体上的伤势让他不能重新服役。很明显，他的情况很不好，但他认为自己不能承认。很长一段时间里，他甚至不想承认自己在苦苦挣扎。他一直认为有心理健康问题的人很软弱，并坚信士兵必须能够应付，否则他们就是在犯错。他也觉得，女兵“感到难过”是可以的，但男兵应该是男子汉，是坚强的人，什么情形下都不能哭。因此，他的痛苦使他深受困扰，这让他怀疑自己的男子气概（这一直是他自豪的）和在军队的前景。他 18 岁开始当兵，出身军人家庭。如果如心理痛苦所暗示的那样，自己无法应对士兵生活，那还有什么能留给他呢？

同性恋强迫症——当男人认为自己不够男人时

我开始在诊所看到越来越多的男性出现一种不寻常的情况：他们是（或似乎是）异性恋男性，通常已婚或有长期稳定的异性恋人，但他们确信自己其实是隐秘的同性恋。他们可能每天晚上都会花几个小时仔细研读关于同性恋的作品，以确认自己是否被它激起性欲（有时也有异性恋作品，用来对比自己的不同反应）。他们甚至可能与其他男人发生关系，试图确认自己是否暗中是同性恋。他们还沉迷于自己的外表，担心自己走路的方式不够阳刚，坐姿像"女孩"，或者有"同性恋"习惯。他们可能会避免单独与其他男人在一起，或是过于接近其他男人，或其他可能遭遇男性身体的场合（如游泳池或健身房），以免被激发性欲而露出马脚。对这些人来说，被误认为同性恋可能是一个令人痛苦的导火索。

潜在的问题是，他们认为自己过着虚假的生活；在每个人看来，他们似乎就是个"正常"的性感男人，但事实上他们隐藏着一个自认为深刻且可耻的秘密——他们真的是同性恋，他们就是一个虚伪的人。

这种做假的感觉会对他们的自尊和人际关系产生严重影响。即使没有被男人激起性欲也不能让他们安心，他们只会更加确信自己是在否认或以某种方式自欺欺人。他们觉得对自己和家人都不够忠诚，许多这样的"冒名顶替者"觉得对自己的女性伴侣造成了巨大伤害，有些人甚至觉得有必要向伴侣“坦白”自己是同性恋（即使他们并不被男人吸引），因此失去了完美的人际关系甚至家庭。有时，他们的伴侣会发现他们对同性恋作品明显更感兴趣，没等他们坦白就离开了他们。

同性恋强迫症（强迫性神经症）是强迫症体系下的一种公认疾病，异性恋男性会被自己是秘密同性恋的想法所困扰，从而实施一系列强迫症行为来证明或反驳自己的恐惧。然而，这种行为只会带来暂时的缓解，因为很快疑虑又会卷土重来，他们需要再次寻求更多的安慰。据说 10% 的同性恋强迫症患者可能患有性取向焦虑强迫症（这也可能影响到女性，尽管看起来不像男性那么常见）。[㊀]

任何事情都可能触发性取向焦虑强迫症。一个男人注意到另一个英俊的男人，会产生这样的恐惧感，认为自己只注意到他，是因为自己暗地里其实是同性恋。或者，他的注意力被男性内衣广告所吸引——这进一步证明他暗中被男性吸引。但因为现实中他们是被女性所吸引，并且过着异性恋的生活，所以他们非常害怕这些想法，因为这些想法成了自己是冒名顶替者的证据。所以，他们会试图回避，但越是回避，这种想法就越强烈，用不了多久，这些男人就会深信自己是一个冒充异性恋的同性恋。

在性别认同方面，性取向焦虑综合征患者往往缺乏自尊。他

㊀ 12 signs that you might have homosexual OCD. https：//www. intrusivethoughts. org/blog/12-signs-might-homosexual-ocd/

们知道自己是男性，但又觉得自己不符合传统的男性形象。因此，他们觉得自己不够男人——他们是个假冒者。而对他们来说，一个假男人的标志是找不到有吸引力的女人。这种觉得自己不够男人的想法就开始转变为担心自己是隐秘的同性恋，于是很快陷入性取向焦虑强迫症。

有些患者受家庭背景的影响，家里人对同性恋的看法非常消极，被称为同性恋就是对男性气质的污蔑。这让患者对自己可能是同性恋有极大的恐惧心理。

由于许多男性（当然还有女性）对自己的同性确实有某种程度的吸引力，这种情况就变得复杂起来。不同的研究表明，有8%～37%的人承认在他们生活的某个时刻参与过同性性行为。[㊀]很多男人在某个时刻尝试过同性恋，有些人则在某些方面仍然被男人所吸引。这些感觉会助长性取向焦虑强迫症患者的信念，即认为他们必定是隐秘的同性恋（或双性恋）——并且他们在假装按照异性恋的生活方式生活。

案例分析

戴夫是一个真正的“男子汉”——健康，肌肉发达，说话强硬。他结了婚，也有孩子，却来到我的诊所，因为他确信自

㊀ Kinsey, A. *Sexual Behaviour in the Human Male* (1948) and *Sexual Behaviour in the Human Female* (1953). Saunders.

己的一生都是谎言，他是个秘密的同性恋。他觉得自己不能继续这种虚假的生活，也许应该离开妻子，开始一个同性恋的新生活。

当我问他是什么阻止他这么做时，他承认自己并不确定自己是否是同性恋。我直截了当地问他是否想和男人做爱，他说肯定不想。事实上，这个想法似乎让他反感，尽管他声称不被男同性恋所排斥。我问他是不是被女人吸引了，他肯定地说是。他渴望和妻子（有时还有其他女人）做爱。他幻想的是女人而不是男人。

那么，他为什么认为自己是同性恋呢？原来，他 15 岁时就卷入了一场同性恋遭遇，他发现自己时常会想到这个。这次邂逅虽然不涉及性，但他坚信，他对性的痴迷意味着他是秘密的同性恋。他觉得自己不是真正的男人，这对妻子不公平。他问我是否应该向她坦白他的“秘密”。

在我看来，戴夫显然不是同性恋，甚至不是双性恋。他的恐惧似乎深藏于对自身男性气质的不安之中。年轻时，他不停地追求女人，并且有着猎艳高手的名声——这是为了证明他的男子汉气概。他锻炼出六块腹肌——再次证明了他的男子气概。据了解，他发育比较晚，学校里其他男孩都比他发育得早。结果，他受到其他人的嘲笑——被称为同性恋和“女孩”，这使他对自己的男性气质感到不安。这是他在性取向焦虑强迫症中表现出来的。

恋童癖强迫症：一个更极端的冒名顶替者现象

性取向焦虑强迫症有一个罕见的变种，更像是冒名顶替综合征的反映：某人（通常是男性）害怕自己暗中是恋童癖者。这个男人不停地担心自己会被（任何性别的）孩子们暗中吸引，并且可能会对此着迷，不断地检查自己是否被某些图片所吸引。这可能会让他对肮脏的儿童色情世界敞开心扉，来试图确信自己不是恋童癖者那样的怪物。即使他对这些图片感到恶心，这种确信也不会持久——怀疑总是会悄悄地出现，他总想知道，另一种类型的场景是否会更吸引人（不同性别/年龄/头发颜色等）。当然，这种检查行为一旦被发现，可能会带来麻烦；有些患者甚至可能被迫远离自己的孩子，如果当局发现他们对儿童色情制品有明显的兴趣。

正如性取向焦虑强迫症患者，恋童癖强迫症是冒名顶替综合征的另一种变体。男人害怕自己是冒名顶替者，无论是作为一个男人还是作为一个人。他们能想象到的最糟糕的人就是恋童癖者——所以这就是他们内心感到恐惧的。他们认为自己是一个邪恶的怪物，伪装成一个正直的公民，这是因为他们不相信自己真的能成为别人眼中的模范公民。这是冒名顶替者的一种类型，就像本书中讨论的其他类型一样。

技巧和策略

现在我们已经了解了男性会遭遇的一些不同类型的冒名顶替综合征，让我们来看看有助于克服这些问题的策略。第一个是小测验，旨在挑战关于男性人设的成见，但后续策略对所有人都有帮助。另外，一定要了解其他章节末尾所建议的技巧。

男性人设小测验

这个小测验要求你考虑对传统的“三大”人设，即成功的商人、运动员和居家男人的认同度。你越重视这些理想人设，就越容易受到影响。这个测验可以帮助你认识到，你对这些人设的认同程度对你变成什么样的人的影响程度。

1. 地位对你来说有多重要？

非常重要									一点也不重要
1	2	3	4	5	6	7	8	9	10

2. 经济上的成功对你来说有多重要？

非常重要									一点也不重要
1	2	3	4	5	6	7	8	9	10

3. 有一副运动员般或肌肉发达的身材对你有多重要？

非常重要									一点也不重要
1	2	3	4	5	6	7	8	9	10

4. 体力对你有多重要？

非常重要									一点也不重要
1	2	3	4	5	6	7	8	9	10

5. 在重要的活动中陪伴孩子对你有多重要？

非常重要									一点也不重要
1	2	3	4	5	6	7	8	9	10

6. 周末高质量地陪伴孩子对你有多重要？

非常重要									一点也不重要
1	2	3	4	5	6	7	8	9	10

你的分数分布会让你知道你最符合哪个男性人设——承认这一点是挑战该人设的第一步。如果你在问题 1 和 2 上的得分低于 4 分，那么“成功的商人”人设可能会成为你患冒名顶替综合征的导火索。在问题 3 和问题 4 的得分低于 4 表明“运动员”可能是你的触发器，而在问题 5 和问题 6 的得分低于 4 则表明“居家男人”可能是你的触发器。如果你在一个以上的人设中问题得分均低于 4 分，那么你可能会面临患上冒名顶替综合征的更大风险，因为你很难实现多个领域的理想，而如果没有实现，你可能会认为自己不够优秀。

练习一：“坦诚”冒名顶替者身份

你敢向别人坦白你真实的冒名顶替感觉吗？许多冒名顶替者害怕将自己的思想大白于天下，认为如果告诉别人自己自认为没有大伙想象中的那么优秀，每个人都会意识到这个“真相”，这样他们的伪装就会被揭穿。这就是冒名顶替综合征被称为“肮脏的小秘密”的原因；冒名顶替者会感到被迫隐瞒自己是冒名顶替者的事实，但随后又觉得隐瞒真相是错误甚至卑鄙的。

但聊聊你的个人感受是非常有帮助的，特别是因为你认识的人中至少有 70% 会有相同的感受。在工作中与值得信赖的同事或上司交谈。和朋友聊聊，在博客、推特上记录下来——不管你想以什么方式公开，你很可能就会发现别人其实也准备好了“坦诚”并加入你的行列。认识到你并不是唯一一个受此困扰的人，能真正帮助你认识到这个综合征是什么——是一种可以控制的状态，而不是对现实的反思。

练习二：犯更多的错

冒名顶替者对不完美事情的容忍度很低，并且努力工作以确保他们不会犯错误。这有助于他们对自己放心，毕竟他们已经足够优秀了。但这是不现实的，只会强化综合征而已。

问题是我们生活在一个对犯错容忍度较低的文化中。事实上，这种文化甚至导致一些人患上强迫症，因为他们经常会检查自己有没有做错什么——特别是在工作中。我在诊所越来越多地看到这一点，由此坚信我们生活在一个比以往任何时候都更害怕犯错的时代，因为我们的职场文化越来越无法容忍错误，错误可能会让人们在竞争日益激烈的世界里付出金钱或声誉上的代价。

但是，现在有许多组织开始认识到犯错是有价值的。因为害怕犯错文化的问题不仅在于员工会变得厌恶风险，而且他们会变得非常害怕而无法正常工作。即使是犯错就意味着生或死的医生，有时也要冒一些风险，谨慎的犯错有时会导致更糟糕的结果。管理大师彼得·德鲁克（Peter Drucker）提出，公司与其解雇犯错的人，不如解雇从不犯错的人，因为如果有人从不犯错，他或她就不会做任何有趣的事情。[1]此外，错误有助于学习，而员工们都害怕犯错的公司很可能缺乏成长。正如《哈佛商业评论》2002 年的一篇文章所说，“如果企业不愿意鼓励冒险，不愿意从随后的错误中吸取教训，就无法开发出突破性的产品或流程”。[2]

我们能从错误中学习和获益不仅局限在工作领域。正如一位评论员在《赫芬顿邮报》的一篇文章所说，“错误教会我们接受自己，我们可以有缺陷，也可以被爱”。[3]我们必须学会，即使犯

---

[1] Ijaz, R. (2016). 5 reasons your employees shouldn't fear making mistakes. *Entrepreneur*https: //www. entrepreneur. com/article/280656

[2] Farson, R. & Keyes, R. (2002). The Failure-tolerant Leader. *Harvard Business-Review* https: //hbr. org/2002/08/the-failure- – tolerant-leader

[3] Saunders Medlock, L. (2014). Don't fear failure. *Huffington Post* https: //www. huffingtonpost. com/lisabeth-saunders-medlock-phd/dont-fear-failure-9-powerful-lessons-we-can-learn-from-our-mistakes_ b_ 6058380. html

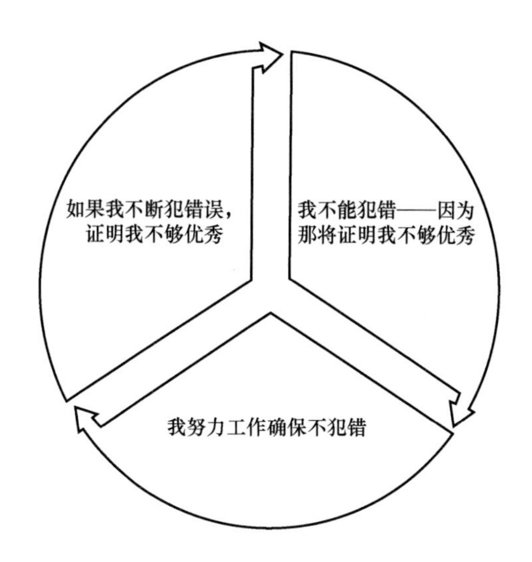

冒名顶替综合征患者如何看待错误

了错误，我们仍然足够优秀，我们的自我接纳和自尊不应该依赖于完美，因为完美是一种让我们与成功绝缘的理想。

所以，我们需要学习容忍自己的错误和失败，并认识到，这并不能削弱我们的整体能力。

对孩子来说，接受错误尤其重要。我们必须鼓励孩子去尝试，去犯错误——不要再为他们批改作业，不要帮助他们完成项目，也不要训练他们在测试中获得 100% 的成功，更多关于帮助孩子减少冒名顶替综合征的内容，请参阅本书第六章和第七章。

要将此付诸实践，请绘制一张图表，并在左侧栏中列出你过去犯下的五个或更多错误（例如，你所执教/参加的足球队在比赛中被淘汰，因为非强迫性错误您失去了一些业务等）。然后，在第二栏写下你从错误中得到的教训。这将帮助你接受错误，并将其视为学习经验。

错误	教训
我对一个同事的体重发表了评论，后来我意识到自己真得罪他了	我不够完美，我认为以后我要对涉及人们外表的事情格外小心
我没有事先称量一下行李的重量，以至于在机场交了一大笔托运费，还弄得很紧张	我也是人，也会犯错，以后我要提前称量一下行李的重量

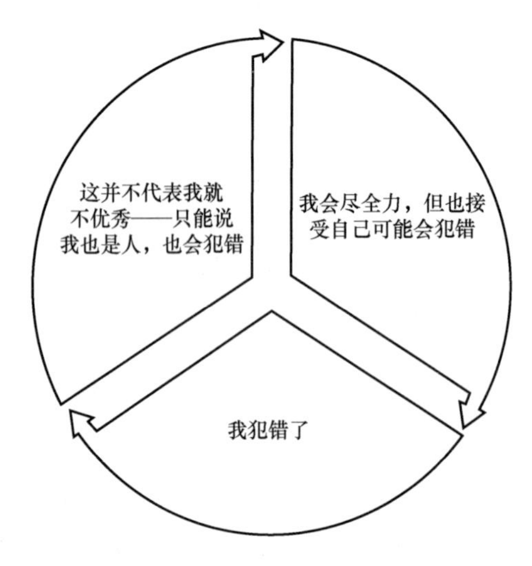

非冒名顶替综合征患者如何看待错误

练习三：挑战你对成功的看法

社会似乎对成功的含义有着相当固定的看法，往往与地位和财富有关。但我们应该挑战这种观点——毕竟，金钱和地位并不等同于幸福。在让人快乐的事情清单上，大多数人都将钱排在榜首。如果一年能多挣几千块，我们会多么幸福！是的，研究一再表明，金钱会让我们获得一定的快乐。我们需要钱来购买生活必需品和一些奢侈品，但除此之外，更多的钱并不一定等于更多的幸福。《哈佛幸福课》（2006）一书的作者丹尼尔·吉尔伯特（Daniel Gilbert）在对美国家庭的研究中表明，家庭年收入低于5万美元与幸福有适度的相关性，但家庭年收入高于5万美元会导致金钱与幸福的相关性减弱。[⊖]这意味着，年收入5万美元的美国人比年收入1万美元的美国人幸福得多，但年收入500万美元的美国人并不比年收入10万美元的美国人更快乐。

原因在于，拥有的越多，我们想要的就越多。我们可能会想，如果我有最新款的智能手机，一定会很高兴。但一旦得到了，我们又会渴望一款风靡一时的新平板电脑。得到这些东西只会让我们快乐一段时间，然后我们又开始重新渴望其他东西。有钱人也会形成一种权利意识，如果这种持续期望没有得到满足，就会感到失望。

想象一下你中了彩票。你很有钱！你的快乐没有边界，挥霍在房子、汽车和度假上。然而，你很快就会发现，你不再适合和那些嫉妒你新生活方式的老朋友们在一起了。你发现自己正在和有钱人混在一起，他们和你一样，能负担得起你现在的生活水准。但是，过不了多久，你又会意识到，新的社交人群中有一些

⊖ Gilbert, D. (2006). *Stumbling on to Happiness*. New York: Vintage Books

人仍然比你富有，他们拥有更好的汽车、更好的房子等，这会让你对现状感到不满，并希望拥有更多。

这被称为享乐跑步机假说，[⊖]它指出，正如我们调整我们的步伐或跑步速度以匹配跑步机的速度，我们可以调整自身的情绪以适应生活环境。彩票中奖者表示，中奖后他们非常开心，但大约两个月后，他们的幸福感就会降至基准水平。同样，突然腰部以下瘫痪的人在几个月内也会恢复到基本的幸福水平。

然而，这并不是说金钱与幸福无关。它让我们有机会接触到那些帮助我们获得幸福的事情；比如，花更多的时间和孩子在一起，或者给我们提供更多社交和休闲放松的机会——所有这些都能让我们更幸福。但是，认为财富本身就是衡量成功的标准，就是误解了成功的含义。成功当然与幸福有关——幸福的人肯定比富有但不幸福的人更成功。金钱虽然可以带来幸福，但不是全部。

冒名顶替综合征患者通常用物质（有形的和非常明显的）来衡量成功和成就，而不是用真正的幸福这些看不见、摸不着的东西。这就是为什么我们中许多人宁愿和年薪 3 万美元的朋友一起，享受 5 万美元年薪，也不愿意和年薪 10 万美元的朋友一起，享受 8 万美元年薪。在第一种情况下，我们可以将自己与其他人进行比较，并感到“成功”，但在第二种情况下，即使我们的收

⊖ Diener, E. , Lucas, R. E. , & Scollon, C. N. (2006). Beyond the Hedonic Treadmill: Revisions to the adaptation theory of well-being. *American Psychologist*, *61*, 305- 314

入更高，我们也不会觉得自己像朋友一样“成功”。如果我们能够挑战衡量成功的方式，我们可能会更加自信，毕竟我们已经“成功”了。

写下你衡量成功的标准是什么；什么能让你觉得“是的，我成功了”？现在来挑战一下吧——为什么这些是成功的标志？

我的成功指标	我如何挑战？
地位和认可；我希望人们把我看作成功人士。对我来说，感觉到成功是不够的	从他们对我的评价来看，我到底在意谁？朋友？家庭？哪个朋友？真的朋友应该这样看我吗？
金钱	我需要多少钱才能算成功？为什么？那怎么能让我更快乐呢？

第五章　在职场之外：社交场合的冒名顶替综合征

到目前为止，我们已经大体了解了冒名顶替综合征与工作的相关性。在传统意义上，冒名顶替综合征与工作密切相关，很少有研究及资料考虑工作领域以外的情况，这可能是由于冒名顶替综合征总是被人们看作是阻碍事业的不利原因。但是，虚伪感、欺骗感远远不止于工作范围，它对自信、心理健康和自尊心的影响同样重要。本章将探讨工作领域外，其他三个主要的冒名顶替综合征盛行的社交圈，分析其背后的原因、造成的影响以及如何应对。这三种类型的冒名顶替综合征表现为：善良的人觉得自己所做的善行微不足道；受欢迎的人从不认为自己有足够多的朋友；人生赢家看似拥有一切，却并不快乐。在本章末尾，我们还将简要介绍宗教领域的冒名顶替者，然后对如何控制上述类型的冒名顶替综合征进行总结，提出应对技巧和策略。

做善事的冒名顶替者

大家都很熟悉这类人——他们是我们的朋友或熟人，总让人觉得他们对所有人都非常友善。他们总是第一个站出来当志愿者，利用业余时间为第三世界国家的养老院帮忙，为早产婴儿编织帽子等。他们给病残人士送去自己烹饪的食物，参加公益马拉松，为办公室每个生日集会慷慨捐款。换句话说，他们就是不折不折不扣的行善者。

然而，我很少会遇到一个自认为做了很多好事的慈善家。如果你赞扬他们的善心，他们会一贯地不予理睬——“哦，这真的没什么”。而且，对于很多人而言，这并非虚伪的谦虚——他们常常认为自己是个冒名顶替者，是在假装成为每个人眼中的天使。更有甚者，会觉得自己是出于自私的终极原因而努力做善事。[一]

我曾为情绪低落患者建立了一个治疗计划，称为“10 分钟快乐日记”。[二]作为治疗的一部分，我们要求病人记录下他们所做的好事或不经意的善举。这样做的原因在于，一直有研究表明，对他人友善和做好事会让人感觉良好，甚至能让人更健康。那些经常做善事的人会认为自己对社会有贡献，他们的人生也有了意义。因而，记录我们的善行有助于我们认识到，我们是好人，我们能为社会增加价值。但是，我发现，要求人们记录善事，是最难施行的要求之一；因为患者真的会在没做什么和认可自己善举之间挣扎。当我指出他们做的一些好事时，他们会不屑一顾地认为“这没什么特别的”。

为什么会这样呢？为何这么多善良的人很难意识到自己所做的事情是好的、友善的且对社会有益呢？为何他们认为自己是冒

[一] Solomon, K. (2017). Here's why imposter syndrome can be a good thing. *Prevention* https://www.prevention.com/life/a20487332/imposter-syndrome-benefits/

[二] Mann, S. (2018). *10 Minutes to Happiness*. London: Little, Brown.

名顶替者——并不像别人认为的那样好和友善呢？当然，很多优秀的人是很谦逊，但是冒名顶替综合征则将这种特质推向了极致。

发生这种情况的原因有很多。原因之一可能与做好事的行为本身以及我们为什么要做这件好事相关。我们大多数人似乎认为，一个真正的好人是那种做好事并不期望回报的人，这是一个真正好人的标志。因此，当要承认自己所做的善行的时候，我们就会想确保自己并没有得到什么好处，例如，赞扬所带来的积极正面的感受。所以，我们不得不淡化自己的善举以防从中受益，也就是会否认自己所做的好事。

如果我们做好事感到心情愉悦，那么这些好事算数吗？

对人友善通常会让人心情愉悦，这就令人质疑施善者的动机。我在 2015 年出版的《预付》（*Paying it Forward*）一书[㊀]中探讨了这个主题。当人们在物质上只能获得很少的收益或没有收益，或者当没有人在身边见证他们的慷慨时，他们还要去做善事吗？甚至付出巨大的代价去做善事吗？这些人的行为就一定是真正的利他主义吗？可以说，即使在这种情况下，这类人

㊀ Mann, S. (2015). *Paying it Forward*: *How one cup of coffee could change the world*. London: HarperTrue Life.

的行为有没有可能是由自私的动机驱使的，就值得讨论了。人们可能不太热衷于改善他人的生活，而更热衷于让自己感觉良好、有价值、有优越感，或者在一些理想方面（如善良）比其他人更进一步——这使他们对自己感觉良好。当他们知道自己有助于减轻他人的痛苦时，他们甚至可能会被这种救济感所激励。

但是，这并不能否定“行善者”的内在善性。那些被强烈的帮助欲望所激励和奖励的人肯定是优秀的人。他们所得到的任何好处肯定不会否定善行——尽管冒名顶替型行善者很可能认为这会否定善行。

因此，我们说服自己做好事不足为道。可问题在于，其他人一直在说我们是如何如何善良！这就造成了我们心理上的失调——如果承认赞扬是真实的，我们就会从这些善行中获取益处，但是在自己眼中，这就意味着不再是善行了。但是，如果我们否认，就会感到自己是冒名顶替者——因为所有人都在说我们有多善良，但其实并不是！这真是一个进退两难的困境。

对于做善事的冒名顶替者的另外一个解释是：他们真的不认为自己做了什么特别的事。换句话说，他们不需要做任何心理建设去否定——他们真的相信这没什么大不了的。与困扰职场的成功人士一样，完全相同的心理过程也存在于行好事的“成功”人士之处。根据第一章中冒名顶替综合征的三个定义特征，将

“职场成功”替换为“做善事成功”，可以得出：

1 认为他人夸大了你的好心。

2 害怕会被发现并暴露你并不是一个真正的好人。

3 不断将成功（即做善事方面的成功）归因为外部因素，例如运气，“我刚好处在合适的时间合适的地点”“任何人都会做同样的事情”。

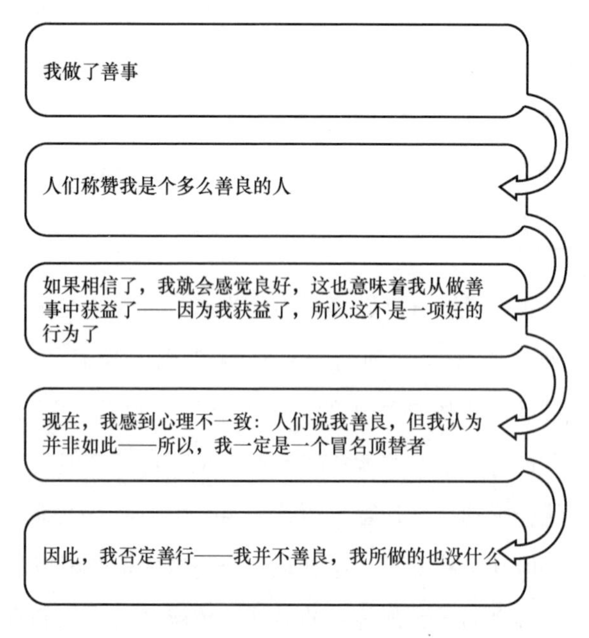

做善事冒名顶替者的思维模式

与工作中饱受冒名顶替综合征折磨的成功人士一样，做善事冒名顶替者也害怕被别人发现自己是冒名顶替者。毕竟，他们可以收集大量证据来证明自己并不像人们认为的那样善良。他们会记录并收集自己没去做的好事，以证明自己不像他人认为的那样好。然后，由于他们“深知”自己是个坏人，有时会发表不友好的评论，或者有时会无视一个无家可归的人，因此他们认为自己必须做更多的善事。但是，正如其他类型的冒名顶替者，这样远远不够，因为他们永远无法真正摆脱那种自己并非他人所认为的好人的心理。

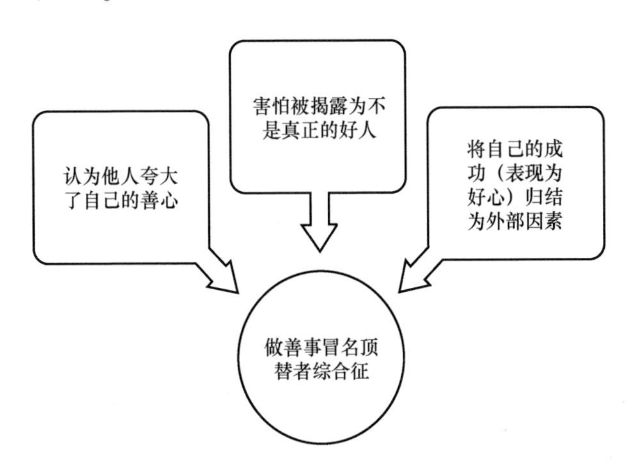

冒名顶替者综合征的定义特征在做善事冒名顶替者上的应用

案例分析

亚伦是一个乐于行善的年轻人。我第一次见到他时，他28岁，大部分时间都在做慈善。在大学间歇年中，他帮助非洲地区修建学校，之后四次返回那里。为筹措这些行程所需的费用和资源，他花费大量时间参与了无数的筹款活动；他完成了趣味跑步、跳伞、火上行走等一系列活动。不仅于此，他每周都花费一下午时间在厨房准备三明治，然后晚上送给当地大街上无家可归的人。如果他认为这些还不够，还会再参加慈善机构的工作。

你应该会认为，世界上不可能找到很多比亚伦做更多好事的人了。然而，他因为情绪低落和沮丧来到我的诊所求助。他说自己毫无价值，并且自卑。当我询问他认为自己的价值所在时，他非常挣扎。过了很久，他才说出了自己所做的那些令人惊讶的善事。当我提示他：他所做的事情让人惊叹，这毫无疑问可以证明他是一个有价值的人——甚至是一个好人——这时他表现出不屑一顾的样子。为什么会这样呢？他说“我很喜欢”，通过做这些事情他感到自己受益匪浅——令人兴奋的经历，出国旅行，认识新的朋友和有趣的人——所以这些都不能算是善举。

对他来说，更糟糕的是，他告诉我，所有人听了他的事迹后对他的反应都与我类似——都认为他是某种圣人，因为他坚持在业余时间做这些事。他感到自己就是个骗子——真不认为自己是个好人（实际上，他举出了很多例子，证明自己也做了一些不太好的事情）。

对于做善事冒名顶替者来说，他们的致命弱点在于如何评价所做的善举，这对于他们来说就是一切。也许，在他们从小生活的家庭里，行善和帮助别人的行为评价比经济上的成功和社会地位更高。因此，他们将这种价值观念根植于内心；但是，与其他冒名顶替者们一样，他们也是完美主义者，无论做了多少好事，他们仍然要求自己要做更多。因此，他们永远无法达到自己所认为的一个真正好人所需要达到的标准。

另一方面，做善事冒名顶替者的成长过程中，有可能被贴上“自私”甚至是“不友好”的标签。这使得他们对于自己的感觉非常糟糕，因而会更加努力来做善事，以证明自己是一个好人。

正如第一章所述，对于做善事冒名顶替者来说，如果他们本身不认为自己是个好人，则会导致认知上的不一致。他们明知自己所做的事情是善举，但是仍然不觉得自己是好人。为摆脱这种矛盾，他们必须改变自己的信念——而改变对自己所做事情的看法（认为他们所做的事情并不是好事）比改变自己的信念（认为自己终究是一个好人）要容易得多。

受欢迎的冒名顶替者

我有一个朋友，她的人生就好像一场盛大的聚会。她应邀参加镇上的各种活动——各种聚会、婚礼等，毫无疑问，这些活动因为她的出现而增辉。如果你想要在周末见到她，至少需要提前三个月预约；就像预约一家高级餐厅，渴望与她共度时光的人会争着抢她的空档时间。实际上，她在朋友圈中被称为“大众小姐”，她自己也在不断参加娱乐活动来提高知名度。

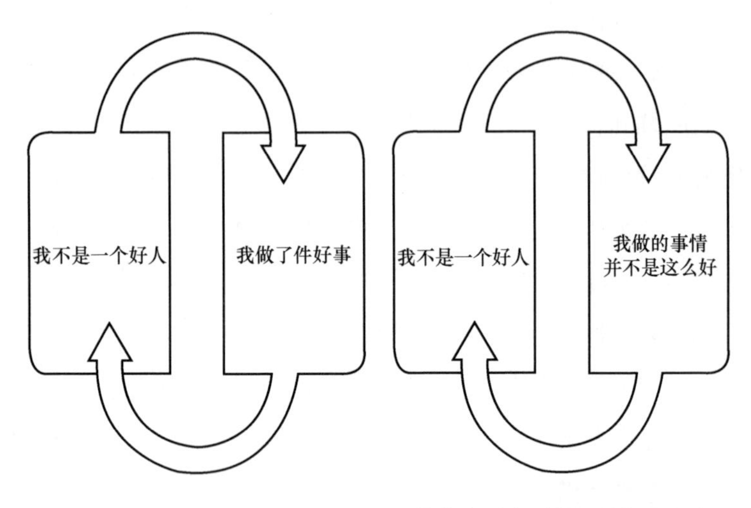

矛盾　　　　做善事冒名顶替者的解决方法

然而，最近当我设法和她一起喝咖啡时，她坦白自己并不像大家认为的那样受欢迎。她称自己没有“真正的”朋友，实际上很孤单。她说自己作为聚会灵魂人物的名声令她感到不舒服，因为她知道这并不真实——她是一个冒名顶替者。

她并非特例，在诊所里，我经常见到受欢迎的冒名顶替者。那些看似拥有一个健康朋友圈的人们（通常为女性）宣称，这些都是虚假的，没有人真正喜欢她们。

为什么会这样呢？就像所有的冒名顶替者一样，这是因为不安全感和价值观，对于我们最看重的事物，我们通常更没有把握。而且，对一些人而言，受欢迎就是一切，所以他们花费巨大的投入去经营它。但是，有多受欢迎才算足够呢？对于一个冒名顶替者来说，宣称自己受欢迎的临界点是什么？可能永远没有——正如所有冒名顶替者的行为一样，获得的越多，设置的门槛就越高。或者，她会像其他冒名顶替者那样贬低自己的成就：

让我们回到冒名顶替综合征的三个特征定义，来看看其与受欢迎的冒名顶替者的关系：

1　认为他人对自己的受欢迎程度进行了夸张看待。

2　害怕被人发现并暴露自己并不是真正的人见人爱的受欢迎者。

3　坚持将成功（即拥有很多朋友）归因于外部因素，例如努力——受欢迎的冒名顶替者通常会通过不断娱乐或联系朋友来培养自己的知名度。这也意味着受欢迎的冒名顶替者们会淡化他们表面上的受欢迎度，认为自己获得他人的邀请只是因为他人在回报自己的热情好客，而并非是真正喜欢自己。

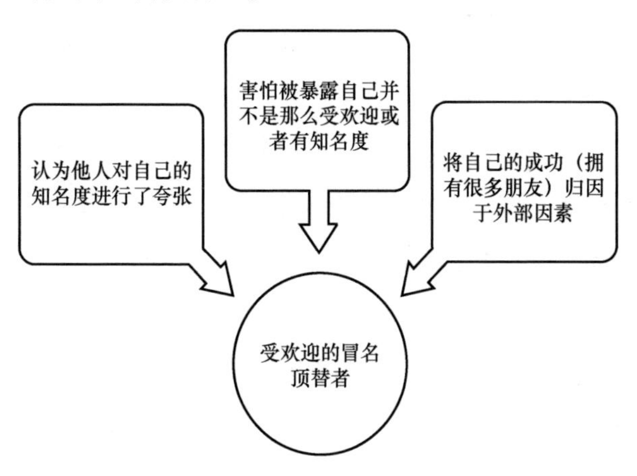

冒名顶替综合征的定义特征在受欢迎的冒名顶替者上的应用

案例分析

65 岁的玛莎饱受孤独的折磨，来我的诊所寻求帮助。她最近刚刚失去了丈夫，感到非常难过和孤单。我本以为她会告诉我，自从丈夫去世后，她便一直呆坐在家中闷闷不乐。但令我吃惊的是，她似乎保持着非常积极的社交生活。周一打桥牌，周二去针织俱乐部，周三做瑜伽，周四参加成人教育课程，周五则是购物和烹饪，周末通常安排娱乐活动，举办盛大晚宴。她有两个儿子还有孙辈并且住得很近，她有来自全国各地经常通话和拜访的朋友，而且在脸书网上也相当活跃。

她看似健康的社交生活和个人孤独感之间的脱节让我感到有些吃惊。当她开口说话，我意识到，她患有受欢迎的冒名顶替综合征——对于外部世界，她似乎是聚会的生命和灵魂人物，但她自己认为，那都是虚假的，实际情况是她没有一个可以真正称得上是朋友的人。她没有将在俱乐部或周末与之交往的任何人归类为真正的朋友，因此感觉到在看似受欢迎的人设和孤独的现实之间脱节。她觉得在受欢迎的人设之外，自己实际上是一个悲伤且孤独的人。

对她进行了一段时间的治疗后，我开始明白，玛莎实际上是在寻找一个能取代她与丈夫之间亲密关系的替代品——她一直认为丈夫是她最好的朋友。她无法从其他朋友中获得这种关系，因为他们永远不能让她感到真正的像她丈夫那样的关怀，而她认为一个真正的朋友就应该是这样的。我对她的治疗方案是，进行一些调整以改变她认为自己是个骗子的观点，并使她对自己的内在看法与现实保持一致。

以上就是受欢迎的冒名顶替者的问题所在，他们将社交性质的邀请与自己是否被人喜欢相混淆。他们希望自己被喜欢，却感到这些邀请并不表明自己真的这么受喜爱。另外，一些受欢迎的冒名顶替者实际上有很多社交圈，就好像他们在收集朋友一样。但是，很难与那么多人保持密切的关系。大多数人是轻松随意的社交朋友，而并不是他们真正渴望的“合适的”友谊。因此，他们感到孤独且无助，并称自己所有的受欢迎都是虚假的，他们没有真正的朋友。

我们需要多少朋友

英国进化人类学家罗宾·邓巴（Robin Dunbar）开展了一项研究，调查平均一个人会与多少人变成熟人。[⊖]他得出的结论是大约150人。当然，现今我们可能仅在脸书网上就有500个“朋友”，在推特上有2 000个粉丝，然而，根据邓巴的研究结果，

⊖ Hartwell-Walker, M. How many friends do you need? *Psych Central* https：//psychcentral. com/lib/how-many-friends-do-you-need/

我们只会与150个人进行各种互动。即使这150个人也不都是“朋友”，而仅仅是与我们生活有某种联系的人。

想象由150个熟人所组成的圈子，人们被放置在同心圆上，在中心的那些人是真正的亲密朋友，越远离中心位置的人与你的关系越疏远。在这150人当中，仅有约5人（也许更少）可能位于我们的内圈中（第一圈），这些是与我们深入分享、支持我们的真正朋友，他们与我们有深厚的情感联系。我们经常与这些人互动——通常是面对面的交流，会与他们分享遇到的问题和忧愁。

下一个圈子（第二圈）大约有15人，我们与这些人互动并有一些联系，但他们并不是第一圈的亲密朋友。这部分人对我们来说虽然很重要，但不及第一圈的人。双方关系在某种程度上仍然算得上是温暖互惠的。我们可能不会经常与他们见面或交谈，但是当我们这样做时，我们的关系将会从上次结束的地方继续。

再下一个圈子（第三圈）约有50人，这些人是熟人——我们认识和相识的人，并且乐于与之互动，但除非是偶然遇见，我们不会与他们建立任何其他联系。

以上圈子之外，就是最后一个圈子（第四圈），这个圈子包含其他所有人——可能是我们认识和相识的80人，但是并没有与之发生有意义的联系。偶然遇到时，我们会与这些人打招呼，也可能会简短地交谈，但仅此而已。

所有这些人对我们都很重要：我们需要内圈的亲密朋友提供支持和情感上的纽带——让我们感到被关怀。我们还需要接下来

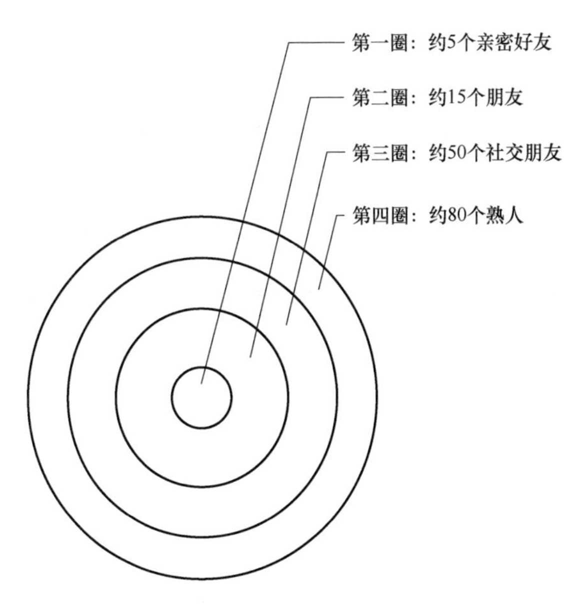

我们需要多少个朋友

两个圈子的朋友来享受有趣的社交生活并满足从属关系的需要，换句话说，我们大多数人都需要融入一个群体中。另外，我们也需要外层圈子，因为我们需要被认同，并在外出时从熟悉的面孔中获得舒适感。

对于受欢迎的冒名顶替者来说，问题在于，他们太担心要通过社交邀请来证明自己受欢迎的程度（也许是对他们自己来说），以至于他们改变了这种微妙的平衡，使外部圈子人满为患。他们在第三圈可能有100个朋友，在第四圈中可能有70个左右。最容易被别人看到的外圈是最重的，所以他们觉得自己好像有很多朋友。但事实是，他们的核心圈子（第一圈）并没有变大——正是这种差异让他们觉得自己是个骗子，他们觉得自己在内圈中应该有更多真正的朋友。

社交媒体在这种类型的社交冒名顶替综合征的发展中扮演着重要角色。像脸书网这样的社交媒体被认为是一种社交平台，但事实上，这种平台更有利于吸引更多的人进入外圈，而不太擅长发展第一圈的真正朋友——而这些人才是我们所需要的，能够帮助我们克服虚假感的真正的好朋友。

人生赢家冒名顶替者

我想探讨的最后一种社交冒名顶替者，是那些在其他人看来拥有完美、迷人生活的人——但是他们却感到自己的现实情况和别人以为的完全不同。这种人的确看起来拥有一切——财富，幸福家庭，很多令人兴奋的国外旅行，很多朋友，令人满足的事业(或者快乐的居家生活)。可能会出现什么问题呢?

问题在于，即使是那些看起来拥有一切的人，如果缺乏满足感，也会备受冒名顶替综合征的困扰。而且，他们的生活越是表现得迷人和完美，就越能让他们感觉到内心的虚伪。的确，这类冒名顶替者们通常会努力工作来保持表面上的美好生活，因为他们觉得自己没有权利不快乐。他们满脸笑容，在别人面前开朗乐观，所以没有人能猜出他们可耻的秘密——尽管他们拥有一切，但仍然深深地感到不快乐。

当公共自我和私人自我之间的脱节非常严重时，抑郁就会发作——而这只会让患者感觉更糟。当他们没有什么可沮丧的时候，他们怎么会感到沮丧呢？一个有着如此迷人生活的人，怎么会感到沮丧呢？这会增加冒名顶替者的感受，因为他们也开始觉得自己有心理健康问题是一种欺骗——“真正有问题的人，才会出现真正的心理不健康。我没什么好担心的，所以我不可能是真正的心理不健康，我是一个虚假的人。”

这种类型的抑郁症通常被称为心境恶劣（或有时称为“高功能抑郁症”），是一种没有明显原因的情绪障碍。据认为，大约3%的人群可能会经历这种情况，[⊖]甚至可能有遗传原因。它可能会持续很长时间（某些情况下持续数年），并且会导致患者感到自己毫无价值、毫无希望以及生活毫无意义。许多患者只是习惯了这种感觉，因此不断地认为自己是假的——只是向世人展现出正面形象而掩盖了真实的自己。

案例分析

现年42岁的贾里德拥有这个年纪的人所向往的所有美好生活。十几岁时，他梦想25岁赚到人生的第一个百万，30岁拥有一辆保时捷和一套带游泳池的大房子。他实现了所有梦

⊖ Coleman, N. You've got everything so why are you depressed? *The Daily Mail* http://www.dailymail.co.uk/health/article-30500/Youve-got--depressed.html

想——妻子，孩子，狗和保姆。他期待 45 岁时提前退休——一切都在按计划进行。

然而，最近他的生活开始变得平淡。他坚称自己并不是抑郁——毕竟他一切正常，每天上班，处理新交易，赢得合同，取悦客户等。但是他感到麻木迟钝，就像他已经实现了雄心壮志，不知道接下来要做什么。

实际上，当我们进一步探索时，他意识到这并不是他感觉到的麻木——他只是对他应该感觉到的积极情绪感到平淡和麻木，并不存在生理性的麻木和迟钝。但他的确感到了消极情绪——感到沮丧、失望和绝望。除此之外，他还为自己的这种感觉而愤怒——作为一个拥有一切的人，他怎么敢觉得自己不够出色呢？他觉得自己是个冒牌货——每个人都羡慕他，而他却并不享受自己的成功。

为何这些拥有“完美”人生的人会感到低落呢？

成功人士实际上比不成功的人更容易患抑郁症；CEO 们抑郁的比例可能比普通大众高出一倍，富裕家庭的孩子比中等或低收入家庭的孩子更加容易感到抑郁和焦虑。[㊀] 更有甚者，抑郁症在

㊀ Walton，A.（2015）. Why the super-successful get depressed. *Forbes* https：//www. forbes. com/sites/alicegwalton/2015/01/26/why-the-super-successful-get-depressed/#5974f9c23850

富裕国家比在不富裕、不发达国家更普遍。显而易见，成功和财富会使人们更容易患抑郁症。他们似乎拥有一切，但很多人都有冒名顶替综合征，生活在自己隐藏的不快乐的真相中。

其中一个重要原因可能是他们的生活缺乏意义：拥有一切的人可能比那些仍然渴望登上顶峰或仅仅是为了生存的人更容易想知道这一切意味着什么。当我们有梦想时，梦想就成为我们的目标和驱动力，但是当梦想都实现了，生活已经“完美”了，会怎样呢？每个人都需要目标来给自己的生活赋予意义，而那些已经取得物质成功的人可能会感到自己的生活已经失去了目标，他们拥有了完美的房子，达到了职业的顶峰，可以随心所欲地度假（也有时间），他们的孩子也很有成就。还有什么值得向往的？

人类一直在寻找人生的意义。正如作家友吉达·阿加沃尔（Yogita Aggarwal）所说，“意义是我们经验的核心，也是我们所做一切的核心。只有通过意义，我们才能够感受自己的存在”。[⊖] 我们大多数人都没有太多时间去思考生命的意义，或者思考自己的生活是否有意义；我们都忙于实现自己的愿望。这些目标成了我们追求的方向。只有在我们达到了“完美”时，才会停下来思考这一切到底为了什么。或者是我们的价值观改变了，所以我们之前所渴望的东西不再有意义。

⊖ Aggarwal, Y. The importance of meaning in life. *All about psychology* https：//www. all-about-psychology. com/the-importance-of-meaning-in-life. html

大屠杀幸存者、心理学家维克多·弗兰克尔（Victor Frankl）称，意义对我们来说起到了一系列重要作用。[1]首先，它给我们的生活提供了目标。如果没有目标，我们就会变得没有方向、没有动力，导致情绪低落和心境恶劣。

其次，意义为我们提供了自我评价的价值或标准。如果我们的生活似乎没有意义，那么该如何判断自己是否成功？我们也许拥有漂亮的房子和完美的生活，但是随着我们对意义追求的改变，我们满足的尺度可能也发生了改变。

第三，意义为我们提供了自我价值。如果我们觉得自己过着毫无意义的生活，我们就会对自己是谁感到迷茫。许多已经“拥有一切”的人开始怀疑生命中是否有比财富和成功更重要的东西，如果有的话，他们会意识到自己其实并没有获得自己所认为的成功。

对不同的人来说，意义意味着不同的东西，但对于有着美好生活的冒名顶替者来说，正是这种意义的缺失，使他们看似完美的人生和真实的自我之间出现了失调。

简要介绍宗教冒名顶替者

在我写作本书过程中，我碰巧和一位认识的虔诚信教者进行

---

[1] Frankl, V. (1978). *The unheard cry for meaning*. New York: Simon & Schuster.

了交谈。他们真的很鼓舞人心——我也将此感受如实告诉他们。但他们对这一评价的反应是明显的脸色苍白且畏缩，然后，他们开始长篇大论地解释他们为何不像我所认为的那般神圣、是虔诚的宗教榜样。当然，他们错了——他们只是受到了一种被我称为宗教或精神冒名顶替综合征的折磨。

宗教或精神冒名顶替者是虔诚的信教者，甚至可能是他们社区的领袖或榜样。可是，因为他们有时会怀疑自己的信仰（谁不会呢?）或者过失（再说一次，谁又不会犯错呢?），于是他们开始被这样的观念所困扰：他们认为自己不像每个人想象的那样虔诚。他们和其他冒名顶替者遭受着同样的担忧和恐惧，他们试图隐藏自己，而这些让他们感到自己非常虚假。

技巧和策略

除了此处建议的技巧和策略外，请重新阅读前面章节中的内容以获得更多帮助。

练习 1：认识善行

承认你所做的任何善举，无论多么微小，都要写在“善行”日志上。仔细考虑每一个问题，问问自己，如果有人做了这些事情，你会如何评价，给他们打多少分。这有助于你认识到自己不是一个冒名顶替者——而且你是在真诚地做好事。

练习 2：评价真正的朋友

采用下图作为向导，写下你朋友圈中好友的名字。中心圈的名字是你可以依赖并可以真正倾诉的人，是真正对你有重要意义的人，而不是外圈里的众多熟人。

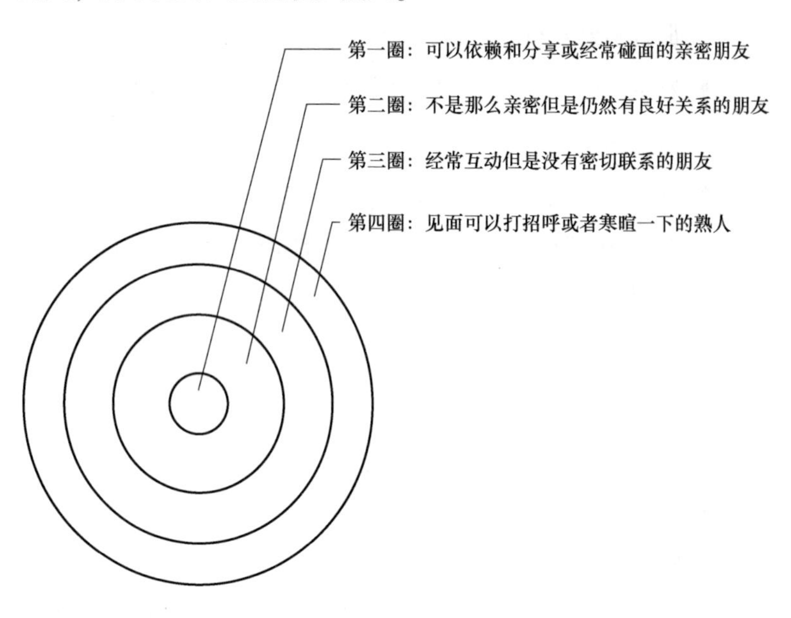

练习 2

练习 3：管理社交媒体

在这本书中，我多次解释了社交媒体上的那些“完美”的帖子会在多大程度上导致冒名顶替综合征的发生。解决此问题的一部分方法是，负责地使用社交媒体，并停止受到这种“完美”

培养文化的侵蚀，可以遵循以下几个简单的原则。

- 抵制上网发布“完美”编辑过的生活精彩片段的诱惑。每次当你想要发布这些内容时，扪心自问为何要这么做，你发这个特定帖子的目的是什么？为何你一定要发布这些？诚实一点——如果仅仅是为了给别人留下深刻印象，那就不要发布。
- 发布一些不太完美的照片，对自己的线上形象更真实坦率一些。
- 取关或者少看那些通过社交媒体炫耀自己“完美”生活的朋友，重点关注那些毫无保留地展示自己生活的朋友。
- 定期审核自己的社交媒体关系。选择关注那些真正给你的生活添砖加瓦的人，或者只和他们做朋友——而不是那些不断发布自己完美帖子令你感到不适的人。

练习4：持续记录“比较”日志

一天之中，你有多少次会将自己或自己的生活和别人进行比较？一天一次？五次？十次？你甚至可能没有意识到你在做这件事。选择一个开始的日期，然后在那天记下你发现自己在做比较时的状况。然后，在日记中做一个记录（见下表）。这将有助于让你更加清醒地发现这种下意识的行为，也有助于你注意到比较的触发因素（即，它们最有可能发生的时间）。

当然，并非所有的比较都没有用；有时，将自己的进步与和其他类似人员的进步进行比较，或者将自己与榜样进行比较，都可以帮助我们跟踪自己的进展，并确保自己处在正确的道路上。因此，你的日志应该包含足够的信息，使你能够区分出适当和不适当的比较行为。不适当是指，当你变得沉迷于此时，或者当你将自己与不适当的对象（名人或更富有的人等）进行比较时，又或者仅仅是当这种比较明显地影响到你的幸福感时；如果让你感到自己很糟糕，而不是被激励去采取行动，那么这可能是一个无益的比较。

比较日期/时间	比较对象	触发比较的原因	比较领域（如财富、长相、工作成就、孩子、成功等）	感受
星期四上午 11 点	老朋友安迪	他在脸书网上发布了度假照片	他的成功（可负担高级度假）、长相（看起来依然很不错）、他的漂亮妻子	不足：尽管我们年龄相仿，但我不如他成功，或不如他长相英俊

记录了一段时间的日志后，你应该能够识别你的触发因素、自己的动机，要么从你的生活中删除它们，要么学会处理它们（这的确需要花费更多的精力，但是从长远来看可能会更为健康）。你可以通过重新审视自己的“肯定清单”（参见练习 1）和欣赏自己生活中的优点来做到这一点。要记住，你只是看到了别人编辑过的精彩片段——没有人真正知道别人的生活实际是什么样的。他们的生活极有可能没有他们表现出来的那样完美。你越是意识到并承认比较的真实性以及它们的无益性，就越不愿意和它们打交道，也就越能够管理好自己的冒名顶替综合征。

第六章　完美父母：在沉重的压力之下

一种相对新型的冒名顶替综合征——完美的爸爸妈妈正在兴起。这种综合征表现为看起来是完美父母，却暗地里感到自己是坏父母。本章将探讨这一现象的背景——包括竞争性养育和超前培养，以及社交媒体与社会期望所带来的巨大压力——并研究行之有效的措施，最后提出一些能够帮助管理完美父母型冒名顶替者情绪的策略。

成为完美父母的压力

一方面，我们生活在一个高度重视养育孩子的伟大时代——现代社会以孩子为中心，有大量面向孩子的活动和娱乐项目。但现在成为完美父母的压力也越来越大；美国一项研究显示，80%的千禧一代妈妈认为成为“完美妈妈”很重要（相比之下，上一代即 X 一代仅有 70% 的妈妈持有这种观点[1]）。另一项调查研究显示，父母必须兼顾各种要求，比如努力保持家庭饮食健康，计划各种活动以使每个家庭成员满意，也就是说今天仍有 75%

---

[1] Carter, C. (2016). Why so many Millennials experience imposter syndrome. *Forbes* https://www.forbes.com/sites/christinecarter/2016/11/01/why-so-many-millennials-experience-imposter-syndrome/2/#38fe0edc31ea

的父母称他们感到要求“完美”的压力。[一]这可能意味着有很多父母在努力追求一种永远也无法达到的完美状态——因此面临着冒名顶替综合征的风险；尽管家长们的努力已有明显的成效，但他们永远感觉自己做得仍不够好。

这种研究人员称为“育儿完美主义”的压力，可能开始于第二次世界大战后女性大量进入职场时。育儿准则开始改变，特别对母亲而言，从满足需求到变得“更好”，即除了满足基本需求外，给孩子更多自由发展，再到如今仍然是准则的“强度母职”（intensive mothering）理念。这就解释了《新父母计划》作者所提出的育儿理念——该计划对 2008—2009 年期间生育的近 200 个双职工家庭进行持续研究——这个育儿理念要求父母育儿应该是“花费大量时间，高度情感贯注，专家导引”。[二]这是一个相对新颖的育儿方式，被称为“协同培养”，其重点在于坚定地尝试为子女后代提供经验和活动，帮助他们充分发挥智力潜能和社交技能。

也许这种尝试想减轻育儿环境里初级护理人员的流失问题，但会给家长造成巨大压力，他们很容易陷入这样一种想法：如果家长未能提供持续丰富的教育，将对孩子的未来产生负面影响。

[一] SWNS（2017）Myth of the perfect parent is driving Americans nuts. *New York Post* https：//nypost. com/2017/09/08/myth-of-the-perfect-parent-is-driving-americans-nuts/

[二] Schoppe-Sullivan, S. （2016）. Worrying about being a perfect mother makes it harder to be a good parent. *The Conversation* http：//theconversation. com/worrying-about-being-a-perfect-mother-makes-it-harder-to-be-a-good-parent-58690

新父母被媒体和广告信息狂轰滥炸，被灌输了如果想要孩子达到他们向往的令人眩晕的高度，就必须激励孩子的理念。如果自己不能提供合适充实的环境以开发孩子的智力，那么就对不起孩子，罔为家长。

剑桥公爵夫人（凯特王妃）与保持完美的压力

2018 年 4 月，剑桥公爵夫人在生下第三个孩子后的几个小时内，神采奕奕地接受了媒体拍照，许多人认为她的行为对新妈妈是一种伤害，并过早地给刚生完孩子的新妈妈们增加了“完美”的压力。许多妈妈指责凯特在穿着她那迷人的裸色高跟鞋时显得如此沉着和完美，是在传递一种“不切实际的信息”。[1]

然而，就连公爵夫人自己也曾经感叹“做一个完美父母的压力，假装我们在完美应对并享受每一分钟”——这些话听起来非常虚假。

另一个例子是一个著名的肥皂品牌，在伦敦滑铁卢车站张贴“完美母亲”的广告牌，后来该品牌承认这是一种策略，以突出强调努力成为一个完美母亲的压力。该品牌研究发现，90%

[1] Mowat, L. (2018). ‘That's NOT inspiring!’ Radio host slams Kate's immaculate look 7 HOURS after giving birth. *Daily Express* https://www.express.co.uk/news/royal/951215/kate-middleton-royal-baby-photos-meshel-laurie-kensington-palace-twitter

的妈妈感觉到要完美的压力，并且，社交媒体和杂志上对母亲形象的光鲜描述就是导致这种压力的主要来源。[1]

这种压力导致我们刺激孩子的行为甚至在出生前就开始了。如果你在谷歌搜索“如何进行胎教”，会弹出30多万条搜索结果，这表明新晋父母想让子女后代赢在起跑线上的愿望正在成为主流。前几年，有关照顾未出生孩子的建议仅限于怀孕妈妈健康饮食，避免饮酒、吸毒和食用某类食物；而现在，等待宝宝出生的父母如果想要成为完美家长，在压力迫使下需要开始播放音乐（最好是贝多芬），甚至给腹中胎儿读书。

案例分析

43岁的杰姬因为感到很沮丧来到我的诊所。在她压抑的思想和信念中，一直感觉自己作为父母不够好。她有三个孩子，大儿子很有抱负，是学校里的佼佼者，以优异的成绩毕业后在医学院工作。

但她的二儿子却不让人省心，不是因为学业繁重，而是有

[1] Lally, M. (2017). There's no such thing as he perfect mother- let's drop the guilt. *The Telegraph* https://www.telegraph.co.uk/women/family/no-thing-perfect-mother-drop-guilt/

心理健康问题。他的心理问题太严重以至于开始逃学，与“不良青年”混在一起，有时还被发现吸大麻。杰姬非常担心他，但她的担心使她更进一步坚信自己是个糟糕的母亲，生了一个有这样问题的孩子。

没人知道她的二儿子的问题，这又加深了她的缺陷感。她不忍心告诉任何人，但是大家都知道她大儿子是很成功的（她曾在脸书网上分享过）。“我觉得自己是个骗子，”她说，“每个人都认为我是一个有着完美家庭的完美妈妈，但没什么比这更离谱了。”

孩子出生以后，新父母对完美父母的追求就会加快步伐。他们被敦促选择“刺激型”玩具；出现了诸如“爱因斯坦宝宝”（Baby Einstein）“高智商宝宝”（Baby IQ）和“聪明人”（Bright Minds）此类的婴幼儿产品品牌。这些产品显然都是为了刺激婴儿发育中的大脑。言下之意是，如果你没有买到合适的玩具，你的孩子就无法发挥他们的潜力——这会让你成为失败的养育者。

但是玩具的选择令人困惑；父母怎么知道哪一个是最好的呢？如果他们弄错了怎么办？正如一位评论员所说，“为人父母真的很辛苦。事实上，这是最难的工作，因为它太重要了！我们会给自己（和他人）施加巨大的压力，要求永远把事情做好”。[㊀]

㊀ Willis, O. (2016). Feeling like a fake-dealing with parent imposter syndrome. *The Independent* https://www.independent.ie/life/family/mothers-babies/feeling-like-a-fake-dealing-with-parent-impostor-syndrome-34394121.html

然后，除了购买启发式玩具外，家长们还希望寻找特殊的婴儿课程和丰富的育儿项目。在我的家乡英国曼彻斯特，我可以列出100多个这样的课程，可供非常小的孩子（许多从出生开始）学习。如果父母没有时间（和精力）抓住这些机会，也就难怪他们会觉得自己对不起孩子了。

案例分析

克洛伊今年29岁，有一个18个月大的宝宝叫雅各布。她是这么说的：“我认为，给宝宝适当的刺激来发展他的大脑是非常重要的。我绝不想让他浪费时间——因为这是他大脑快速发育最宝贵的几个月。因此我要分秒必争。我们的日程安排相当紧凑，我尝试给雅各布各种不同体验，刺激他大脑的不同感官和区域来促进身体和社交能力的发展。一周之中，我们每天上午和下午都安排了活动，周末会去农场或博物馆一日游，还有购物——我也想借此机会让他有受教育的经历。雅各布还有大量电子教育玩具，包括玩具笔记本电脑、平板电脑和音乐玩具。我会定期更换这些玩具，这样他就不会觉得厌倦——收起来，再换一批玩具，他就能有新鲜感。”

问题是，尽管日程安排得很紧，克洛伊还是担心自己做得不够。她担心自己给儿子选择了错误的活动——因为可供选择的活动太多。她还担心自己没有给他“合适”的玩具。她甚至担心，做一个全职妈妈对他来说并不是最好的选择——她读了很多文章，都在谈论一个能激发智力的托儿所对孩子的发展有多好。所有的担心都让她筋疲力尽——她从不觉得自己做得对或做得足够多。

曾有一个评论员将这种现象称为“拼孩”，即妈妈们（爸爸们也同样）争先恐后地展示孩子最好的一面，这在一定程度上助长了父母们的压力。针对该问题的一项研究表明，64%的妈妈认为，如今的育儿方式比以往任何时候都更有竞争性。[㊀]这种竞争源于父母的不安全感，他们需要社会认可来确认自己的育儿选择和决定。

社交媒体推波助澜

社交媒体推动了这种社会验证，尤其是千禧一代的父母，他们习惯于记录每一个成功。近90%的千禧一代（见下表）是社交媒体用户，而上一代（X一代）为76%，前一代（婴儿潮一代）为59%。[㊁]所有这些社交媒体活动的结果是，他们展现了

㊀ Steinmetz, K.（2015）. Help! My parents are Millennials. *Time Magazine* http://wp.lps.org/tnettle/files/2015/03/Help-My-Parents-are-Millennials.pdf

㊁ Willis, O.（2016）. Feeling like a fake-dealing with parent imposter syndrome. *The Independent* https://www.independent.ie/life/family/mothers-babies/feeling-like-a-fake-dealing-with-parent-impostor-syndrome-34394121.html

“一个难以想象的、未经加工而又完整的网上家庭生活版本”。[一]

每一代人的标签	
婴儿潮一代	Z 一代的祖父母，二战后出生（1945 年至 1964 年之间）
X 一代	现今年轻人或青少年的父母，1965 年至 1981 年之间出生
千禧一代	现今的年轻人，1981 年至 1996 年出生
Z 一代	现今的青少年，1997 年至 2009 年出生
阿尔法一代	千禧一代的子女，2010 年以后出生

父母总是会夸耀自己的孩子，这也不是什么新鲜事。但是，社交媒体使得这种吹嘘的规模远远超出了前几代人可忍受的程度。在过去，如果前几代人想炫耀自己孩子的所作所为，他们就必须抓住别人的注意力几分钟，并可能从钱包里拿出一张照片。当谈话结束时，这些吹嘘也随之被人遗忘，抛在了记忆的深处。

而现在，这种炫耀则容易得多，也更持久。你不需要随身携带折角的照片，你可以在电子设备上携带 1000 张照片，并将它们强加给每一个“朋友”或关注者。一项研究表明，46% 的千禧一代父母在孩子出生前后都晒过孩子的照片，在 X 一代父母中这一比例为 10%。[二]正如一位评论员所说，你不必再依赖不太完美的数码快照，“今天的育儿主要基于我们可以向他人展示的成

[一] Steinmetz, K. (2015). Help! My parents are Millennials. *Time Magazine* http: //wp. lps. org/tnettle/files/2015/03/Help-My-Parents-are-Millennials. pdf

[二] Willis, O. (2016). Feeling like a fake-dealing with parent imposter syndrome. *The Independent* https: //www. independent. ie/life/family/mothers-babies/feeling-like-a-fake-dealing-with-parent-impostor-syndrome-34394121. html

功和胜利，他人也用此标准来衡量我们是否是好的父母”。[一]

当然，现实生活是未经修饰的，经过美化修饰的家庭照片和帖子的发布者及阅读者都可能成为冒名顶替综合征的受害者；对于发布者来说，由于他们屏幕上的完美和屏幕外的现实生活不匹配，会造成冒名顶替综合征；对于阅读者来说，由于他人屏幕中的完美和自己屏幕外现实生活的不匹配，也会造成冒名顶替综合征。研究表明，当父母更在乎他人对自己养育子女的看法时，会降低对自己养育孩子能力的信心，而那些更为频繁使用脸书网的父母则报告说，他们的育儿压力更大。[二]

现今缺乏安全感的父母

但是，为什么今天的父母会被卷入整个社交媒体的比拼陷阱中呢？我想是因为他们作为父母有不安全感，才会在社交媒体上发布越来越多育儿的帖子和照片。他们受到自我怀疑的困扰，需要通过发布帖子获得评论和点赞来确信自己的育儿工作做得很好。似乎这一社会验证的需求在几代人中不断增加，但到底是因为以前没有社交媒体工具，还是因为现在的父母真的更加缺乏安全感，目前还有待研究。

[一] Degwitz, M. (2017). How to resist the lure of competitive parenting. *Aleteia* https://aleteia.org/2017/11/09/how-to-resist-the-lure-of-competitive-parenting/

[二] Mann, S. (2015). *Paying it Forward: How one cup of coffee could change the world.* London: HarperTrue Life.

当然，对今天的父母来说，养育子女和以往是不同的。首先，人们组建家庭的时间比前几代人更晚。英国初生母亲的平均年龄从1970年的21岁上升到现在的29.8岁，创下历史新高。[1]这可能意味着，女性对为人父母的期望更高，特别是那些已经在其他领域（例如工作）中获得成功的女性。他们可能会期望，把同样的努力投入到为人父母的事业中，会得到同等程度的回报——但现实是育儿的“成功”似乎更难实现，这让她们非常失望。

此外，现今的育儿方式更注重培养孩子的心理承受能力，而不仅仅是关注生存问题；在过去，父母从来不会为培养孩子的自尊或自信而担忧，也不觉得需要像今天的父母那样不断证明自己无条件的爱。[2]这些概念都比较抽象且难以量化——父母怎样才能真正知道自己做的对不对呢？前几代人父母的观念是，只要孩子活着，茁壮成长，那么他们就是成功的父母，而现在对于成功父母的要求则多得多了。

案例分析

杰西卡是一名成功的人力资源经理，她通过不懈努力取得了今天事业上的成就。她对怀孕做了周密计划：利用休假（夏

---

[1] Bingham, J. (2013). Average age of women giving birth is now nearly 30. *The Telegraph* https://www.telegraph.co.uk/women/mother-tongue/10380260/Average-age-of-women-giving-birth-now-nearly-30.html

[2] Harris, J. Parenting styles have changed but children have not. *Edge* https://www.edge.org/response-detail/11859

季）时间，在经济状况良好且职业生涯中有安全感的30岁时怀孕。她将分娩细节做了事无巨细的计划，并阅读了所有能接触到的育儿书籍和杂志。她在为人父母的计划上和在工作生活中一样严格，并且自信地认为，当孩子出生后她会知道该怎么做。

但当生育计划出现偏差时，各种问题接踵而至。她所希望的水中分娩变成了紧急剖腹产。在那之后，她便艰难地与宝宝建立融洽的联系，因为孩子很难喂养，而且很少能够一次睡眠超过两小时。这已经令她精疲力竭，但更糟糕的是，杰西卡觉得出现这种情况是自己的错，她认为自己天生不是做母亲的料。她认为自己的育儿水平太差了，应该回去工作，在职场上她会感到更加自信、更有控制力。她和丈夫雇了一个保姆，自己在孩子仅出生16周后就回到工作岗位上——结果却因离开儿子而感到无比内疚。不管做什么，她都觉得做得不好。

在现今这一代父母中，人们对纪律的关注越来越少，而更多地着眼于展示对孩子的爱。现在的父母似乎更希望与子女成为“朋友”，与他们分享和引导他们，而不是成为使用命令和控制技术的“管理者”；他们希望自己和孩子之间少一些规矩和准则，[㊀]但是这也让他们不太确定什么是最好的育儿方法。因此，尽管X一代的父母可能会坚持让孩子吃蔬菜，否则就不给冰激

㊀ https：//www. thecut. com/2016/06/is-it-really-possible-for-parents-to-be-friends-with-their-kids. html

凌，但千禧一代父母更有可能通过谈判来哄自己不情愿的孩子吃蔬菜（“你想不想试吃一口西兰花？这对你真的有好处！”）。谈判可能显得双方更加平等，却给了孩子说不的机会；而对于真正想吃冰激凌的孩子来说，那种老式的贿赂式方法往往更有效。但是，这就会让千禧一代父母感到困惑和不安，为什么每个人建议的育儿技巧似乎都不起作用呢？也许他们作为父母有什么问题？

现今一代父母不太可能成为大家庭和社区的一部分，而大家庭和社区是前几代人育儿的特点，这使得他们很少有机会获得实用的建议和认可。在前几代，育儿建议几乎只限于参照前辈的行为惯例，朋友、邻居和任何你咨询的人通常都会表达相同或相似的意见。而现在，互联网让我们可以从世界各个角落寻求建议，但让我们从自己大家庭寻求更多实用建议的可能性更小了。

当然，对父母来说，互联网是提供育儿建议的一个很好的来源，但这实际上会带来更多不安全感，而不是减少；因为互联网上的信息和建议太多，只会让父母比以往任何时候都更加困惑。过去，我们可能会遇到一两个人提出不同的观点，而现在互联网上网友对每件事都有多维度的看法。建议太多并不总是有用，这使我们比以往任何时候都更困惑和焦虑（以及产生不安全感）。所有这些都会令一个母亲感叹：“我一直在烦恼、关注和谴责自己的错误。”[1]

---

[1] Steinmetz, K. (2015). Help! My parents are Millennials. *Time Magazine* http: //wp. lps. org/tnettle/files/2015/03/Help-My-Parents-are-Millennials. pdf

问题是，现今的父母似乎不知道育儿规则是什么——或者不知道是否有规则。在维多利亚时代及之前，人们对养育子女有明确的规则，即“孩子是被照看而不是被倾听的对象”，因而每个人都知道如何处理育儿问题以及如何对待孩子。而现在，一切都变了，这只会令许多父母感到更加不知所措和困惑。一项研究表明，美国父母在一周内平均会有 23 次因为觉得做出的育儿决定没完全达到标准而有负罪感，1/4 的父母发现自己会经常事后后悔所做的决定。[㊀]就像本书其他章节讨论的冒名顶替者类型一样，许多家长仍然觉得如果他们在育儿中需要去询问做法或寻求建议，他们就是失败的父母。

爱尔兰育儿网站 www. familyfriendlyhq. ie 的创始人奥利维亚·威利斯（Olivia Willis）最近在《爱尔兰独立报》（*Irish Independent*）上解释说，如果没有明确的规则和准则，对患有冒名顶替综合征的父母来说，自我怀疑的范围可能会变得无所不包。她指出，这可能导致父母产生“一种隐藏在假象下的羞耻感”，怀疑自己的育儿能力，并“认为他们所有的育儿成功经验都只是碰巧罢了”。[㊁]

另一个使父母感到不安（因此容易发生冒名顶替综合征）的关键因素是这样一个事实：养育孩子并不是一项能够立竿见影

㊀ SWNS（2017）Myth of the perfect parent is driving Americans nuts. *New York Post* https：//nypost. com/2017/09/08/myth-of-the-perfect-parent-is-driving-americans-nuts/

㊁ Willis，O.（2016）. Feeling like a fake-dealing with parent imposter syndrome. *The Independent* https：//www. independent. ie/life/family/mothers-babies/feeling-like-a-fake-dealing-with-parent-impostor-syndrome-34394121. html

看到结果的工作。毕竟，做一个好父母的目的是什么？并不是让孩子们一边穿着相配的袜子、吃着自制的鹰嘴豆泥零食，一边还赢得朗诵比赛，对吗？在日常琐碎的生活中，在“拼孩”和成为完美家长的压力中，父母很容易忽视养育孩子的真正意义，毫无疑问，其意义肯定是使孩子成长为未来能够良好适应社会、自给自足、成功（不管成功的实际含义是什么）的成年人。

问题是，这是一个长期目标，人们没有耐心等待 18 年（或更长时间）来确认他们的育儿工作是否做得很好。正如一位经验丰富的母亲所说，“毕竟，长期的结果才是真正重要的，我们无法预知几十年后的成果会如何”。[⊖]因此，我们会寻找一些小成果来证明自己处在正确的育儿轨道上，能够培养出自己梦想中的优秀的人。而小成果很快变成了无关紧要的细节；突然之间，我们作为父母的全部技能取决于能否编出完美的辫子的能力，或者能否用卫生纸卷制作一个喷气火箭以完成家庭作业的能力，如果能，将会令其他所有家长羡慕不已。更有甚者，我们将这种不安全感投射到孩子身上，这样作为父母的成功就取决于孩子的成功；如果孩子没有取得足够的成就，我们就会觉得自己失败了。而且，如果我们失败了，那就证明我们不够好。尽管我们如此努力，我们还是不够好——所以我们会感到虚假。即使是育儿经验丰富的母亲艾米莉·麦康布斯（Emily McCombs）也承认，

⊖ McCombs, E. (2017). I think I have imposter syndrome but for parents. *Huffington Post*. https://www.huffingtonpost.co.uk/entry/i-think-i-have-imposter-syndrome-but-for-parents_us_58dbcadbe4b0cb23e65d4f38? guccounter=1

“有时，我觉得自己像个骗子”。[一]欢迎加入冒名顶替综合征的行列！

即便是我们确实成功了，这些小小的胜利也被视为无关紧要或是运气的产物，而不是因为自己的能力。正如奥利维亚·威利斯所说，“无论他们做了多少准备，计划和执行得多么好，他们总会认为自己可以做得更好，或者他们只是运气好而已”。[二]无论是早在孩子8个月大就完成如厕训练，还是别人称赞孩子的礼貌行为，他们仍然不能完全相信自己是好父母。正如一位评论员所说，如今的父母“会因为漫长的育儿之路而把自己逼到精神错乱的边缘，但仍然感觉自己做得不够”。[三]

超前培养，“虎妈”现象和冒名顶替综合征

孩子到了上学的年龄，父母不断刺激和教育孩子的压力远远超过了为他们选择一所合适的学校。家长们在压力的驱使下，常常用大量的课外活动来填满孩子的所有非睡眠时间，以便让孩子在竞争日益激烈的社会中占据“优势”和先机。2014年的一项调

[一] McCombs, E. (2017). I think I have imposter syndrome but for parents. *Huffington Post*. https://www.huffingtonpost.co.uk/entry/i-think-i-have-imposter-syndrome-but-for-parents_us_58dbcadbe4b0cb23e65d4f38?guccounter=1

[二] Walton, A. (2015). Why the super-successful get depressed. *Forbes* https://www.forbes.com/sites/alicegwalton/2015/01/26/why-the-super-successful-get-depressed/#5974f9c23850

[三] Parenting shifts in the last century. A mother far from home blog. https://amotherfarfromhome.com/howhasparentingchangedinthelastcentury/

查发现，英国伦敦的小学生平均每周参加3.2次课外活动。[⊖]因此，有些孩子的活动量超过了平均水平，即：有相当一部分——可能甚至有一半——年龄小于11岁的孩子每晚都会参加课外补习班。

这导致了一种被称为“超前培养”的育儿方式。这是一种有争议的育儿方式，包括让儿童参加密集的课后和课外活动，以激发他们的智力发育。它被比喻为在集约化耕作条件下种植作物的温室，以刺激其更快生长。根据蔡美儿（Amy Chua）于2011年出版的一本书《虎妈战歌》（*Battle Hymm of the Tiger Mother*）中的“虎妈”概念，人们将“超前教育”与“虎妈”联系在一起。在这本书中，这位华裔母亲似乎主张非常严格的“超前培养”原则，比如强迫女儿每天练习数小时的乐器。虽然这本书引发了关于育儿、超前教育和中国与西方育儿方式的激烈争论，但同时也引起了一场关于父母应在多大程度上鼓励孩子进行课外和有计划活动的广泛讨论。

超前培养和虎式教育的问题在于：它给父母施加了同样的压力——以及由此所设定的不可能实现的理想。在数学、阅读和识字等领域增加对低龄儿童的测试，可能无益于这一点。这种所谓的儿童“学生化”，给父母提供了更多的方式来对孩子进行衡量和比较（并且间接地衡量和比较了作为父母的自己）。

⊖ Edgar, J. (2014). Give your child time to be bored, pushy parents are urged. *The Telegraph* http://www.telegraph.co.uk/education/educationnews/10556523/Give-your-child-time-to-be-bored-pushy-parents-are-urged.html

自证预言

具有讽刺意味的是，那些患有冒名顶替综合征的父母由于对自身能力缺乏自信，更容易放弃——因而导致他们在与那些对自己能力更自信的父母们对比时，表现更差。[㊀]认为自己会失败的父母可能会更早地放弃孩子的如厕训练，或者放弃教孩子骑自行车。或者，他们更有可能将部分育儿职责外包给他们认为更“专业”的人，如保姆或其他育儿专业人士。也许这就是为什么英国在2016年的一项研究表明，开始全日制学习却仍然没有经过如厕训练的儿童人数“大幅增加”。[㊁]在美国，外包育儿角色，如教孩子骑自行车、如厕训练、教孩子正确礼仪或带孩子接受治疗以提高自尊心，变得比以往任何时候都更受欢迎。也许这是因为父母很忙，但也可能是因为父母缺乏安全感，觉得自己无法做得像专家那样好。

技巧和策略

除了此处提出的技巧和策略外，请重新阅读本书之前的章

㊀ Schoppe-Sullivan, S.（2016）. Worrying about being a perfect mother makes it harder to be a good parent. *The Conversation* http：//theconversation. com/worrying-about-being-a-perfect-mother-makes-it-harder-to-be-a-good-parent-58690

㊁ Bulman, M.（2016）. Huge increase in the number of primary school children not potty trained. *The Independent* https：//www. independent. co. uk/news/uk/home-news/children-potty-trained-nappies-toilet-huge-primary-school-parents-a7224976. html

节，以获得更多帮助。

1 承认没有完美的父母。承认并接受这样一个事实：你会犯错，有时会把事情搞砸。想想那些你认为自己对孩子犯过的错误，以此作为练习。如果一个朋友“承认”与你犯了同样的错误，你会对他说什么？

我曾经犯过的错误	我会如何回应朋友
我不应该纵容孩子习惯了在放学后沉迷于玩电子设备	每个家长都是这样的——你下班后精疲力竭，又必须做晚饭，这时很难拒绝孩子的要求。但是，如果你想改变这件事情，现在就可以开始，一切都不晚

2 不要用小事来评判自己育儿能力的好坏；能否做出完美的烤饼，能否记得孩子的游泳套装，或者能否做出最漂亮的演出服，并不能反映你的能力。

3 同样请记住，你孩子的成功（或失败）也不能反映你的育儿技能。他们是独立的个体，就像你也是独立个体一样。

4 删除或取关那些炫耀“完美父母”的朋友，并抵制吹嘘自己孩子的冲动。你可以列一份单子，记录下那些父母发布的完美帖子使你感到不安的情形，将他们的发布频率和内容做成图表。如果几周后，你意识到他们不能给你的生活增添任何积极影响，那么就将他们删除（或者调整设置，不再查看他们发的帖子）。

5　不管有多大的冲动去制作完美图片，都只在脸书网上发布不那么完美的、未经过处理的图片。

6　将获取育儿建议的渠道限定在好友或家人（或合适的医疗顾问）中就足够了。

7　不要试着与孩子做朋友，你的角色是他们的父母和导师。这种角色意味着要制定规则，这可能让你没那么受欢迎，但对你自己和家人都更恰当。

8　在做与孩子相关的决定时，要相信自己的直觉。

第七章　青少年和学生：学业和社会的影响

我注意到越来越多的年轻人表现出冒名顶替综合征的症状，这种情况不仅出现在我的诊所，我所工作的大学也有发生。而且，不仅是学术上的不安全感，从外貌长相到组织能力再到受欢迎程度等各个方面的不安全感都助长了这一群体冒名顶替综合征的发生。本章将更仔细地研究这一日益严重的现象，并为年轻人及关心其子女的父母们提供解决这一问题的策略。

学业压力

想在学校里取得好成绩从来都是有压力的，因此，声称只有今天这一代年轻人才能感受到这种压力的说法并不正确。但是，今天的年轻人面临的压力似乎比以往任何时候都大。我们学校被一种考试文化所笼罩，在英国，孩子们从 7 ~ 11 岁时就开始进行标准化评估测试（SATS），大多数学校每年至少会进行一次内部考试，作为年轻人在校期间多次进行的外部考试的补充。这些考试成为对年轻人评判的准则——因而造成了压力和对失败的恐惧，甚至实实在在的失败。

案例分析

艾米带着“考试焦虑症”来到我的诊所。她17岁，看上去似乎拥有一切美好的东西——漂亮、聪明又广受欢迎。她16岁时就以一流的成绩通过了考试，过着充实的社交生活，看上去总是非常完美。然而，她饱受自我怀疑的困扰，很明显她患上了典型的冒名顶替综合征。她觉得自己取得优异的考试成绩是因为“幸运”——“因为那些考试并不难”。她感到被期望的压力压得喘不过气来——由于她很早就取得了优异成绩，每个人都认为她很聪明，但她担心在大学水平考试中会暴露自己“真实”的水平。她说，这些高级别考试的难度大得多，很快就会暴露出她真实的一面（即不那么聪明）。

据英国《卫报》2017年的一篇报道，在SATS考试前后，英国82%的小学报告说，小学生的心理健康问题有所增加。此外，在过去两年中，超过3/4（78%）的小学中小学生压力过大、焦虑和恐慌发作的案例都有所增加，76%的学校报告学生会担心学业不及格。[1]SATS的重要性不言而喻，从一些学校对考试期间生病儿童提出的要求就可以看出：学校给家长发信，要求即使孩子

[1] Weale, S.（2017）. More primary school children suffering from stressfrom SATS survey finds. *The Guardian* https://www.theguardian.com/education/2017/may/01/sats-primary-school-children-suffering-stress-exam-time

生病了也要带他们来参加 SATS 考试。[⊖] 我回忆起自己 11 岁时的经历，当时我是"高才生"，正打算去学校参加考试时突然身体很不舒服。学校给我打电话时，我正在医院里，但学校唯一关心的是我什么时候能参加考试。

当然，这种学业压力本身并不一定会导致冒名顶替综合征；要记住，冒名顶替综合征是成功者所感受到的不安全感，而不成功的人并不会有这种问题。关键是，从定义上讲，正是那些高水平的孩子和年轻人面临着冒名顶替综合征的风险——不太成功的学生很可能对自己的能力有更现实的看法——他们保持现有成绩的压力将会让症状加重。

在这么小的年龄进行考试的另一个问题是，它设定了孩子长大后可能无法实现的期望。孩子们以不同的速度成长，对于一个年轻时就通过了考试的孩子来说，他完全有可能无法实现未来的巨大期望；他们也许仍然会做得不错，但永远不足以达到他们的"目标"成绩，因此在他们的校园生涯里会感到自己是一个失败者。

案例分析

14 岁的莎拉来我这里就诊时患有抑郁症。她解释说，她以

⊖ Busby, E. (2018). Parents told that sick children must sit all Sats exams ascalls for boycott grow *The Independent* https://www.independent.co.uk/news/education/education-news/sats-primary-school-exams-parents-ill-boycott-children-mental-health-a8333296.html

前任何事都做得很好，但最近却开始挣扎。她在学校里一开始成绩就很好，成功对她来说很容易。在写作和数学方面她也是佼佼者，还擅长运动，经常获奖等。每个人都认为她是一个有前途的人，注定要成就伟大的事业。但她却觉得自己是个骗子，因为她到了高中，现实情况和预期出现了很大的不同。她的表现“不错”，但不再像童年时那样出类拔萃。她所在的高中规模比小学要大得多，每个年级的孩子数量是小学时候的四倍。因此，会有很多更聪明的孩子同台竞争。

由于朋友和家人一致认为莎拉取得了惊人的成绩，现在她备感压力。她觉得自己很虚假，认为自己早期在学业上取得的成功是骗人的——她当时之所以表现出色，是因为班上的学生很少而且她年龄最大，因此具有优势。当我进一步了解情况时发现莎拉仍然很出色——只是不像她之前那样“最顶尖”而已。

对于那些成绩优秀的孩子来说，造成他们这种压力的不仅仅是考试，还包括考入当地一所好学校的压力，这种入学压力就导致了像一位校长所说的那种“高压锅气氛”。[⊖]随着家长们纷纷努力让孩子进入顶尖学校，现在为8岁孩子聘请家教的现象已经司

⊖ Heywood, J. (2017). Pressure on children to get into top schools has reached crisis point. *The Telegraph* https://www.telegraph.co.uk/education/educationopinion/11684535/Pressure-on-children-to-get-into-top-schools-has-reached-a-crisis-point.html

空见惯了。这种家教文化很可能是导致冒名顶替综合征的重要因素：如果一个孩子通过大量辅导勉强考入一所顶尖学校，一旦入学后，知道自己只是因为受到强化训练而考上的，他们将如何面对呢？事实上，为了跟上其他同学，他们可能仍然需要大量课外辅导。这些孩子会认为自己在学习能力上不如同龄人，或者将自己取得的成绩仅仅归功于被辅导，从而忽略了自己学业上的成功，这些导致冒名顶替综合征的条件已经成熟。他们不得不一生都去努力证明自己在学业上的价值——这是发展成为冒名顶替综合征的首要条件。

这一切会导致众多年轻人出现冒名顶替综合征，其特征是，不承认自己的成功，追求完美主义，害怕被“曝光”。正如英国一所学校校长所说，“一些青少年会不停地强迫自己，永远也无法意识到自己什么时候才算做得足够好”。[⊖]

“完美小姐”之死

牛津女子高中是英国一所非常优秀的学校，该校1/3的毕业生有望直升牛津或剑桥大学。2014年，该校宣布正着手制止学生中的完美主义现象，因为由此带来的极端压力对学生的健

⊖ Lambert, V. (2014). The truth behind the death of Little Miss Perfect. *The Telegraph* https://www.telegraph.co.uk/women/womens-health/11016817/The-truth-behind-the-death-of-Little-Miss-Perfect.html

康不利。学校开展了一个名为“完美小姐之死”的计划，让学生为失败做好准备，以便让她们学会应对不完美。学校让女孩们参加越来越难的考试，因此某些时候她们不可能获得很好的成绩。她们将学习“失败”和犯错误的价值——吸取一些重要的经验教训，学会如何应对学业上不那么一帆风顺的情况（在很难的考试中未能取得高分时），而这些经验教训将使她们终身受益。[1]该校称这种做法能够让许多学生避免陷入完美主义文化的深渊——并且也很可能是应对冒名顶替综合征的一剂良药。

导致冒名顶替综合征增加的可能原因不仅仅是考试的增加，还在于对待考试态度的变化。毕竟，前几代人也需要考试，但那些考试似乎并没有同样重要的意义；现今一代的父母似乎比以往任何时候都更有进取心和竞争力（如上一章所述），这给他们的孩子带来了巨大的压力。许多家长认为孩子是自己给自己的压力，似乎与父母无关，但内部压力通常有一些外在的催化剂，如今在父母中显得如此突出的“孩子依存自尊”[2]可能就是导致新一轮冒名顶替综合征的部分原因。这种现象是指现今的父母更倾

[1] Lambert, V. (2014). The truth behind the death of Little Miss Perfect. *The Telegraph* https://www.telegraph.co.uk/women/womens-health/11016817/The-truth-behind-the-death-of-Little-Miss-Perfect.html

[2] Simmons, R. Perfectionism in teens is rampant - and we are not helping. *Washington Post* https://www.washingtonpost.com/news/parenting/wp/2018/01/25/lets-stop-telling-stressed-out-kids-theyre-putting-too-much-pressure-on-themselves-its-making-things-worse/? utm_ term =. f11aab5f1a98

向于将自我价值建立在孩子的成就上，从而（直接或间接地）给孩子施加实现的压力。父母比以往更多地参与到孩子的生活中，但主要是智力追求，而不是休闲娱乐；所谓“直升机父母”开始流行，即无论孩子们做作业、课外活动还是教育休闲，妈妈或爸爸都徘徊在孩子周围百般呵护。从 1986 年到 2006 年，声称父母监视他们一举一动的孩子数量翻了一番。[㊀]显然，技术（特别是电话）的进步使父母能够加强对孩子的监控。由此带来的诱惑不仅是要监督孩子的安全，还要检查他们是否正在从事父母认可的活动，父母也因此而获得了一些自尊。

这种巨大的投入和监督给孩子们寄予了很高的期望，但同时也降低了成功的力量（这可以被认为是“妈妈帮助了我”而贬低成功）。最近发表在《心理学公报》上的一项研究中，研究人员调查了过去 30 年来文化变迁如何塑造了美国、加拿大和英国 4 万多名大学生的个性。他们发现，年龄较大的青少年认为，自己必须完美，才能赢得朋友、社交媒体关注者或者父母的认可，完美主义情绪激增了 33%。这种完美主义的衡量标准体现在对自己寄予厚望、相信别人对自己寄予厚望以及对别人寄予厚望等各个方面。[㊁]

㊀ Simmons, R. Perfectionism in teens is rampant - and we are not helping. *Washington Post* https://www.washingtonpost.com/news/parenting/wp/2018/01/25/lets-stop-telling-stressed-out-kids-theyre-putting-too-much-pressure-on-themselves-its-making-things-worse/?utm_term=.f11aab5f1a98

㊁ *ibid*

特长学生

有特长、有天赋的学生出现冒名顶替综合征的可能性更大，因为他们被寄予厚望是一种常态。例如，对于一个有才华的歌手或舞者来说，如果不能确信自己是班上最优秀的就可能会令他们抓狂——即使是第二名都不行，因为他们担心其他人更出色，别的同学表现更好会令自己“缺乏天赋”的事实暴露出来。由此造成的巨大压力会导致过度补偿现象，他们即使重新获得梦寐以求的领头羊地位，也永远不会把这种成功归因于自己的能力，而只是归功于加倍努力的工作。这个逻辑同样适用于学业上有天赋的学生。

有天赋的学生会对自己的成功做出这样的评论，例如：

我之所以赢得科学竞赛，只是因为我很努力。

我得到了剧中这个角色，只是因为另一个学生的试镜表现很差。

我在小提琴考试中取得优异成绩，只是因为考官喜欢我。

冒名顶替综合征对特长学生的影响是多方面的，表现如下：

- 与同龄人或老师日渐疏远，试图掩盖他们的“欺骗”行为；只要不引起他人注意，那么就没有人会发现“真相”。
- 拒绝任何赞美或祝贺；这可能包括自我否定，以至于他们无法完成家庭作业或工作任务；他们会尽其所能地避免得到表扬，因为觉得自己不值得称赞或者会“证明”

自己实际上没有才华。

- 对其他有天赋和才华横溢的同龄人产生不适感（因为他们并不真正相信自己是这个群体的一部分），这导致缺乏归属感，从而进一步增强他们冒名顶替者的感觉。
- 感到被外界认为他们是超级天才的观点所累。
- 避开有难度的项目或者避免主动去做可能暴露他们欺骗行为的事情。

如果你发现有天赋的学生出现任何上述迹象，那么他们可能会有得冒名顶替综合征的风险，可以参考以上知识，尝试在出现真正问题之前为其做出合理的疏导；可参考本章末尾的技巧和策略。

社交压力与社交媒体

一项针对学校的调查研究表明，如今给学生带来压力的最大来源是社交媒体，更多的学校负责人（37%）选择社交媒体为最大压力，而选择考试压力的比例仅为27%。[1]正如一位班主任所说，“在当今社会，孩子们承受的压力远大于以往任何一代人。随着科技、社交媒体和名人文化的兴起，他们这一代人对自身形

[1] Weale, S. (2017). More primary school children suffering from stress from SATS survey finds. *The Guardian* https://www.theguardian.com/education/2017/may/01/sats-primary-school-children-suffering-stress-exam-time

象和完美主义的痴迷迅速增长”。[一]

除了一些年轻一代特有的问题外，社交媒体对年轻人造成冒名顶替综合征的原因与成年人并没有什么不同。首先，大多数年轻人都是数字土著——他们在一个完全数字化的世界里长大，对现在和过去世界的差异并不了解。饱受社交媒体折磨而导致自卑的成年人，可能仍会回忆起并不完美的前数字化、未经滤镜的时代；他们也可能有更多的社交机会，因为那时的社交很少依赖社交媒体。但是，对现今的大多数年轻人来说，社交媒体和互联网就是一切。正如《华盛顿邮报》一位评论员最近所说，“社交媒体提高了青少年们追求完美的标准，并引入了一个平台，在那里，成功的动力……将年轻人如飞蛾般吸引到数字火焰中”。[二]

同样，成年人曾有机会在非数字世界中培养他们的自尊心，非数字世界也许为他们提供了某种程度的保护，但现今的年轻人却无法享受这种奢侈的待遇。许多年轻人完全根据点赞和关注人的数量来衡量自己的价值，并且浏览大量评论，时常还不得不应对来自匿名平台的有潜在危险的负面反馈，这种现象与有害行为

[一] Heywood, J. (2017). Pressure on children to get into top schools has reached crisis point. *The Telegraph* https://www.telegraph.co.uk/education/educationopinion/11684535/Pressure-on-children-to-get-into-top-schools-has-reached-a-crisis-point.html

[二] Simmons, R. Perfectionism in teens is rampant - and we are not helping. *Washington Post* https://www.washingtonpost.com/news/parenting/wp/2018/01/25/lets-stop-telling-stressed-out-kids-theyre-putting-too-much-pressure-on-themselves-its-making-things-worse/?utm_term=.f11aab5f1a98

甚至自杀的增加都有关系。[一]

再加上名人文化主导的 PS 美化世界，呈现出的一切都是完美的，难怪今天的年轻人会觉得自己不合格。毕竟，他们所追求的目标是一个不可能达到的完美世界——不仅在无法企及的名人世界里无法实现，哪怕在家里也无法实现。对许多年轻人来说，把自己的生活打造成一个难以置信的完美网络形象展示给世界是至关重要的。

所有这些因素组合在一起共同促进了冒名顶替综合征的形成。教育学博士、心智教育创始人唐娜·威克（Donna Wick）在儿童心智研究所网站上发表的一篇文章中评论道，对于青少年来说，“脆弱、认同需求以及与同龄人攀比的渴望交织在一起”，共同导致了“完美的自我怀疑风暴”。此外，那些创造了理想化网络角色的青少年，可能会“因为网络中所假扮出来的完美形象和现实之间的差距而感到沮丧和抑郁”。[二]他们越是沉迷于虚假的完美形象，就越难接受与完美相去甚远的现实。

学生生活

一旦年轻人离开支持他的家庭和学校环境，进入更加令人生

[一] Edwards, J. (2013). Users on this website have successfully driven nine teenagers to kill themselves. *Business Insider* https://www.businessinsider.com/askfm-and-teen-suicides-2013-9?IR=T

[二] Jacobson R Social media and self doubt. *Child Mind Institute* https://childmind.org/article/social-media-and-self-doubt/

畏的大学世界，本章迄今为止讨论的所有可能导致冒名顶替综合征的各种压力和因素的影响就会变得更加明显。突然之间，出现了可能会失败的方方面面；需要面对一个全新的社会群体，需要适应新的学习方式（而且可能不会成功），需要独立学习和生活、做饭、照顾自己——难怪现在这么多年轻人在大学中备受煎熬。冒名顶替综合征产生的条件已经成熟；事实上，斯坦福大学的研究人员最近创造了一个词语“鸭子综合征”来描述大学生们，他们努力表现得好像一切尽在掌握、轻松自如，而水面下却在疯狂地划水以试图保持漂浮状态[一]——这是对冒名顶替综合征的完美描述。一位在马里兰大学学报上撰文的学生承认，“我们认为自己是骗子，我们生活在持续忧虑中，不断地担心周围的人会发现我们不够聪明、不够有才华、不够有技能”。[二]

最近，伊利诺伊大学学报承认冒名顶替综合征的存在，其文章标题为“大学生中真实存在的冒名顶替综合征”。[三]伊利诺伊大学并不是唯一一所承认这个问题的大学，包括英国一些大学，如圣安德鲁斯大学、巴斯大学、剑桥大学（该校帮那些正在经历自我怀疑的学生确信“招生团队不会犯错误”，以阻止学生中潜在

[一] Jacobson R Social media and self doubt. *Child Mind Institute* https：//childmind. org/article/social-media-and-self-doubt/

[二] Kodan，A.（2017）. Many UMD students feel like frauds. Blame imposter syndrome. *The Diamondback* http：//www. dbknews. com/2017/11/08/impostor-syndrome-college-students-umd-minorities-race-fraud-self-image/

[三] Linton，J.（2018）. Imposter Syndrome real amongst University students. *The Daily illini* https：//dailyillini. com/opinions/2018/02/21/imposter-syndrome-real-among-university-students/

的冒名顶替综合征现象[一]）和帝国理工学院，都在其网站上发布了关于冒名顶替综合征的治疗建议。美国哈佛大学的网站也承认：“在学生服务办公室，我们经常谈论‘冒名顶替者’的经历”,[二]并解释说，这在学生中很常见，部分原因是，大学对学生们来说正处于一个过渡时期（如前所述）。

作为一名大学讲师，我在执教生涯中的各个时期都见过冒名顶替综合征的例子，其中包括：

- 有的学生会将任何工作经验（例如酒吧工作）视为无关紧要或者质量低劣的经历。很少有学生对这类事情表现出自豪感和自信，相反，他们认为这件事永远不会有任何意义。
- 有的学生递交了一份很出色的评估报告或课程作业，但没有得到 100 分。这类“冒名顶替”学生会经常给我发电子邮件，询问他们是否获得了 94 分（我所给予的第二高分）。他们不满足于这一点，不会关注自己做得有多好，而总是关注他们不完美的事实，并将此视为他们不够好的证据。
- 同样，“冒名顶替”学生很可能会对在某门课程得到的所

[一] Gargaro, P. (2016). Imposter syndrome? Here’s why it doesn’t matter. *The Cambridge Tab* https://thetab.com/uk/cambridge/2016/10/30/imposter-syndrome-doesnt-matter-83202

[二] Yun, J. (2018). Imposter Syndrome. Harvard university website. https://gsas.harvard.edu/news/stories/imposter-syndrome

有积极评价不予理睬，而对稍微消极的评价感到十分苦恼。

- 一些优秀的学生不会去申请带薪实习，因为他们认为自己不够出色，无法得到这样一个让人梦寐以求的职位。
- 另一些学生，尽管成绩一直不错，却一直在担心和焦虑他们的下一门课程作业或考试就会暴露自己的“真面目”。他们会不断地与教学人员进行核对并再三确认。
- 有些学生对自己期望太高，以至于他们很难按时提交作业，他们很纠结，唯恐作业做得不够好，总想要再完善一下。

案例分析

莫兹是医学院一名大一新生，他极度焦虑并自卑，坚信其他学生都比自己强得多。考入医学院是非常艰难的，莫兹明白只有极其优秀的人才会被医学院录取，但他一点也不觉得自己是人群中最好的，而是认为自己不知何故侥幸通过了严格的选拔程序。其他的学生似乎比他更熟练、更专业，他们博学而自信。他们中许多人的父母都从事医学职业，但莫兹的父母曾经是难民，他是家里第一个上大学的人。因此，他总觉得自己不合群，是个骗子——生活在害怕被曝光的恐惧中。

这种恐惧使他比任何人都更加努力，以确保自己的能力不足不会被发现。但是，不管他多么努力，都无法摆脱这种学校错误接收自己的感觉——而且认为，过不了多久学校就会发现这个错误。他生活在恐惧之中，担心这会让为他的成功而自豪的家人蒙受耻辱。

学生们应该记住，这种冒名顶替的感觉是完全正常的。事实上，《魅力》（*The Charisma Myth*）一书的作者奥利维亚·卡巴恩（Olivia Cabane）发现，当她向斯坦福商学院一屋子的新生问“你们当中有多少人觉得自己能进斯坦福只是招生委员会犯的一个错误?”，结果2/3的学生都举起了手。[一]

技巧和策略

帮助孩子应对潜在的冒名顶替综合征，是父母、教育工作者乃至社会的一项重要任务。可以参考以下原则，并使用它们来指导你如何与孩子进行互动，尽量减少他们发展成为冒名顶替综合征的可能。除了此处的技巧和策略外，你还可以重新回顾本书之前的章节，以获得更多帮助。

[一] Chen, O. (2017). How to reap the benefits of imposter syndrome. *Be Yourself*. https://byrslf.co/how-to-reap-the-benefits-of-impostors-syndrome-eb5e0080e626

谨慎给孩子贴标签

那些给孩子贴上“聪明”甚至“善良”标签的父母可能会认为这样做对孩子是有帮助的——毕竟，这些都是正面标签，应该会提高孩子的自尊心，对吗？相反，这种做法实际上可能是有害的，尤其是当它们成为孩子努力追求的那种标签时。

我们要把每个孩子作为独立的个体来对待，并认识到他们不应该与他们的兄弟姐妹（或其他任何人）比较。一个孩子可能有艺术天赋，但你也应该鼓励他的兄弟姐妹去追求自己的艺术兴趣，不管他们是否有这方面的才华。同样，也不要让亲戚给你的孩子贴标签（哦，她是数学天才，不是吗？）。

这里，你可以做一个练习，与你的孩子一起分别列出他们擅长的事情或掌握的技能。即使他们认为自己的兄弟姐妹在这些方面也做得很好，甚至更好，也要鼓励他们列出来。

不要将期望值定得过高

同样，要谨慎对待你对孩子的期望——以及如何传达这些期望。如果孩子觉得自己总是达不到父母的期望，可能会更容易患冒名顶替综合征——感觉自己永远不够好。所以，即使在潜意识的层面，也要抵制对孩子期望过高的诱惑。鼓励孩子发挥自己的潜能并拥有梦想，但要明确的是，你同样需要珍视孩子那些不可衡量的属性，如善良或体贴。

不要过分表扬（但也不要太挑剔）

这是一个很难达到的平衡。对孩子取得的成绩，哪怕是一点点成绩就大加称赞，这种做法并不能建立自尊，只会让他们觉得称赞毫无价值。我的一位年轻患者说，她妈妈连她起床这种事情都会称赞，这样的评论会让孩子感到虚假，感到自己不值得被表扬。这也会驱使他们从得到奖励、证书和成绩中来获得“真实的”或更诚恳的认可——但随后却永远不认为这些称赞是真实的，因为他们怀疑父母对自己的称赞是否出于真心。

同样地，过分挑剔会让孩子有强烈的驱动力去给他人留下好印象，但却从来不觉得自己做得足以让他人印象深刻。得到表扬时，他们会不相信自己真的赢得了赞誉，因为他们从小就不习惯这种认可。

给孩子做事的自信

抵制插手帮忙的诱惑，不要给予孩子太多帮助或为他们做得过多。他们需要学会自信，并且能够独立完成事情。如果爸爸妈妈总是救场或帮助他们，那么他们获得的任何成功都将归功于父母，而不是自己的努力。成年后，他们会把这种归因习惯转移到其他人身上，以至于总是觉得自己取得的任何成就都归功于他人，而不是自己的努力。

不要批评他们的错误

正如我们应该允许自己犯错误一样，我们也应该鼓励自己的孩子允许自己犯错（参考前文）。现在的学校和教育过分强调成功，而很少关注如何让孩子接受“失败”。告诉你的孩子，不赢也很重要，它能培养孩子的应变能力。例如，如果你的孩子在考试中表现不佳或钢琴考试成绩不合格，与其批评他们不够努力，不如鼓励他们保持积极和乐观，并询问他们可以做些什么来从中获取教训。

注意我们的性别期望

无论你有什么性别的孩子，都要意识到你在性别方面对他们寄予的期望。不要引导他们向有关性别的兴趣和追求去发展，因为如果他们觉得自己不能实现赋予的性别理想，将会倍感挣扎。但也不要矫枉过正——在男性主导的行业中，女性工程师可以感受到作为性别代表，人们对其寄予的厚望。总而言之，一切都需要平衡。

第八章　总　结

对一些人来说，冒名顶替综合征可能是一种使人衰弱的疾病，但也有好的一面，即：不仅它的负面影响是能够克服的，而且实际上你可以利用它发展自己的优势。

与任何心理健康问题一样，认知始终是最重要的第一步，我们在本书中深入探讨了该综合征的各种原因、促成因素和症状，以期帮助你认识到，你自己或你认识的任何人是否患有该综合征。一旦确认并对其有更多的了解，你就可以使用本书推荐的策略来应对这种冒名顶替心理并提高自信。本书第三章至第七章末尾都有相关提示和策略，其中一些策略对特定人群最有效，而大多数都适用于所有人。

使用这些策略、增强对冒名顶替综合征的了解，都将帮助你管理好自己的冒名顶替心理，使你不再受其阻碍。然而，本书的目的并不是要彻底消除所有冒名顶替心理，而是要尽量减少它们。你会发现，通常在生活中取得一定程度成功的人士更容易产生冒名顶替心理，因此如果你受到了冒名顶替综合征的困扰，这恰好证明你可能对自己的工作相当在行。

此外，请始终记住，你并不是唯一一个产生冒名顶替心理的人，请振作起来。冒名顶替综合征非常普遍——统计数字显示，在我们生活中的某个时刻，高达 70% 的人都会出现这种感觉——认为自己是骗子其实更“正常”。在任何一群人中，都可能有几个“冒名顶替者”，所以如果你处于一种自我感觉虚伪的情况下，请记住这一点，可以帮助你克服内心的孤立感。

的确，有时对自己做得如何缺乏安全感，会提升我们做好工作的概率，因为我们会不断反复检查，并确保自己尽可能做到最好。那些不受冒名顶替综合征困扰的人可能对自己有一种错误的信心，从长远来看，这会导致工作质量下降。一项研究证明了这一点，该研究显示，聪明的学生往往会低估自己的班级排名，而能力较差的学生则会高估他们的排名。[1]

对抗冒名顶替综合征的诀窍是，控制任何不真实的想法，但当它们浮出水面时，利用它们作为学习的机会——学习更多与手头工作相关的东西，也许还有学习认识自己。有人可能会说，轻度冒名顶替综合征是一件积极的事情，可以激励你努力工作，实现你的最佳状态。所以我们需要的是对冒名顶替综合征一定程度上的接受和平衡，而不是将它完全消除。通过认识、理解和采取管理策略，你将能够开始消除自我怀疑的感觉，如果你继续沿着这条道路走下去，就会在自信中成长，并实现这种快乐的平衡。本书的目的正是帮助你做到这一点。

---

[1] Chen, O. (2017). How to reap the benefits of imposter syndrome. *Be Yourself*. https://byrslf.co/how-to-reap-the-benefits-of-impostors-syndrome-eb5e0080e626